초등 엄마 관계 특강

● 일러두기

표준국어대사전의 어법과 맞춤법에 따르되, 교육 현장에서 사용하는 단어와 입말은 독자의 이해를 돕기 위해 살렸습니다.

초등 엄마
관계 특강

샤론코치(이미애) 지음

대치동 교육 전문가
샤론코치의
학부모 관계 솔루션 68+

물주는아이

아이가 매개인 '학부모 관계'는 다르다

아이 학년이 바뀌고 처음 만나는 아이 친구 엄마. 옷장 앞에 서 있자니 한숨부터 나온다. "동네 엄마들 만나러 가면서 왜 이렇게 유난을 떠냐?"는 남편 말에 짜증도 올라온다.

지난번 카페에서 스치듯 만난 익숙한 얼굴들. 나만 빼놓고 모여 있던 엄마들은 도대체 무슨 이야기를 하고 있었을까? 혹시 지난 모임에서 내가 실수한 게 있었던가? 학부모 모임에서 나만 소외당하고 있는 건 아닌지, 행여 나의 이런 소극적인 처세가 내 아이에게까지 피해를 주는 건 아닌지, 엄마 모임에서 주고받았을 중요한 정보를 나만 모르고 있는 건 아닌지 머리가 지끈거린다.

아이를 키우는 엄마라면 누구나 한 번쯤은 해봤을 속앓이.

단언컨대, 대한민국에서 엄마로 사는 삶은 녹록지 않다. 워킹맘은 워킹맘대로 전업맘은 전업맘대로, '나 정말 잘하고 있는 걸까?'라는 질문을 하루에도 수백 수천 번씩 던지며 힘든 시간을 견딘다.

선배 엄마들이 그랬다.

엄마에게 가장 편안한 시절은 '아이가 배 속에 있을 때'라고.

수유부터 본격적으로 시작하는 엄마들의 불안한 고민들.

'트림은 어떻게 시키지?' 걷기라도 하면 '넘어지면 어쩌지?' 안 먹으면 '성장에 문제 생기는 거 아니야?' 말이 느리면 '언어치료 받아야 하나?' 엄마가 처음인 엄마도 이 모든 상황이 낯설고 힘겨울 때가 많다.

아이가 공부를 시작하는 학령기에 접어들면 엄마의 고민 결은 또 다른 갈래를 만든다. '내 아이'를 중심으로 만나게 되는 새로운 사람들. 학교에서 만난 학부모들, 담임 선생님, 학원 선생님, 아이 친구들……. 아이가 학교에 들어감과 동시에 생각조차 못한 새로운 사회적 관계가 만들어지고 엄마는 또다시 '낯선 사회생활'을 시작한다.

이때 만나는 관계는 밀도 높은 기브 앤 테이크(give & take)가 이뤄지는 '난이도 최상'에 해당하는 사회다. 교육 정보를 중심으로 하나로 똘똘 뭉쳐 다니다가 미묘한 비교와 경쟁심리, 욕망이 뒤섞인 복잡한 문제와 마주하기 때문이다. 당연히 이전에 알고 지낸 개인적인 관계와는 다르다. 타인과 나 사이에 아이가 있으므로 더욱 조심스럽다. 이 시기 인간관계가 우정을 기반으로 오래 이어지면 좋겠지만 그렇지 못한 경우도 많다. 마음을 의지하던 친한 엄마가 생각처럼 좋은 사람이 아닌 경우도 있고, 본인 입에서 나온 비밀 이야기가 만천하에 알려져 곤욕을 치르는 경우도 있다. 심지어 관계가 틀어져서 결국 이사나 전학을 가는 경우도 봤다. 단톡방에서 오간 발언이 문제가 돼 법적 공방이 벌어지는 일도 적잖다.

아이 성장 과정에서 엄마의 역할은 절대적이다. 특히 학령기 시절, 엄마는 자녀 학습의 키를 쥐고 있는 존재다. 엄마가 무엇을 알고 어떻게 실천하느냐에 따라 아이의 성적이 좌우되는 것은 당연한 일. 엄마가 정서적·사회적으로 단단하게 바로 서는 게 필요한 이유가 바로 이 때문이다. 엄마는 가정의 중심이고 아이의 수호천사다. 엄마가 사소한 갈등에도 마음을 졸이고 시달린다면 그 가정과 아이 또한 불안하지 않겠는가.

교육 컨설턴트인 내가 무엇보다 엄마들의 마음부터 살피고 보듬어야겠다고 생각한 것은 이런 이유 때문이다. 학부모로서의 역할과 태도를 분명히 배운다면 복잡한 관계에서 현명하게 대처하고, 아이에게 집중할 에너지를 얻을 수 있다. 언제나 강조하지만 화목한 가정에서 인재가 나는 법이다.

아이를 키운다는 것은 미지의 세상을 만나는 일이다. 하나의 세상에 적응이 될 만하면 새로운 세상이 기다리고 있다. 준비가 완료된 상태에서 엄마가 되는 사람은 아무도 없다. 우리 모두 '덜컥' 엄마가 되어 버렸고, '덜컥' 학부모가 되어 버렸다.

'엄마'와 '학부모'. 어려운 직무이지만 제대로 된 직무 교육을 해주는 사람도 없고 받은 적도 없다. 아이를 키우면서 발생하는 문제를 주변 사람의 말과 인터넷 정보에 의지하는 게 현실이다. 엄마들이 정확한 정보에 목이 마르고 이런 정보를 주고받는 '관계'에 집착하는 게 어쩌면 당연한 일인지도 모르겠다.

《초등 엄마 관계 특강》이 세상에 나온 이유는 교육 컨설턴트로서 오랜 경험에서 얻은 지식과 지혜를 '지금 힘든 엄마'들과 나누고 싶었기 때문이다. 그들의 불안과 걱정을 덜어주고 싶었다. 아이의 연령 발달에 따른 엄마의 역할, 주변 사람들과 관계를 맺고 갈등을 풀어 나가는 방법, 학부모로서의 마음가짐과 주의할 점, 그리고 에듀맘 이후 나 자신을 위해 투자하는 방법 등. 마음이 복잡한 이 시대 엄마들에게 때론 다정하게, 때론 매섭게 고민을 나누며 해결책을 찾아봤다.

복잡한 문제를 뚫고 나갈 수 있는 지혜는 의외로 단순한 진리에 있다. 내 삶에서 가장 중요한 것이 무엇인지 생각하고 실행 가능한 목표를 정해 우직하게 실천해보길 권한다. 꼬이기만 했던 관계도, 답답했던 미래도 어느 순간 변화의 빛을 본다.
엄마들이 상처받지 않고 지혜롭게 관계를 이어가면 좋겠다.
불가근불가원(不可近不可遠). 너무 가깝지도, 너무 멀지도 않게······.
지금 이 순간을 즐겁게!
가끔은 혼자만의 시간을 갖고 즐기길.

각자의 자리에서 고군분투하는 이 세상 모든 어머니이자 여성들이 이 책을 통해 더욱 단단하고 빛나는 모습으로 성장하길 기도하는 마음으로 늘 함께할 것이다.

샤론코치 이미애

관계특강 1 학부모 관계, 현명한 거리 두기

학부모 관계,
현명한 거리 두기

학부모 사이,
돈이 오가지 않는 비즈니스

자녀의 학교 입학과 동시에 맺게 되는 학부모 네트워크는 그 어떤 관계 못지않게 민감하고 예민한 사이이다. 무조건적인 친목 모임도, 대놓고 목적을 드러낼 수 있는 관계도 아니다. 싫어하는 감정을 들켜서도 안 되지만 좋아하는 감정 또한 너무 내비칠 필요가 없다. 때로는 학창 시절에 만난 또래 친구들처럼 느낄 수 있지만 공적인 관계인 만큼 그에 맞는 태도와 자세를 갖춰야 한다.

엄마는 자녀를 대표하는 외교관

"전공이 뭐였어요?"

"몇 학번이에요?"

"어디 아파트 사세요? 몇 동?"

"결혼 전엔 뭐 하셨어요?"

서먹서먹한 학부모 모임에서 많은 질문이 오간다. 준비되지 않은 상태에서 맞닥뜨리는 낯선 물음 속에서 은근히 기분이 상할 때도 있다.

이런 질문들 안에는 나에 대한 정보를 알아내고 이후의 행동을 어떻게 취할지 의도가 숨어 있는 경우가 많다. 대학을 졸업했는지, 대학을 나왔다면 4년제인지 지방 캠퍼스인지 아닌지, 내가 언니 대접을 해 줘야 할지 언니처럼 굴어야 할지, 무슨 일을 했는지 혹은 하고 있는지, 외국에서 살다 온 경험은 있는지……

심지어 재테크에 대한 엄마들의 관심도가 높아지면서 첫 만남부터 부동산과 관련된 질문을 하는 경우도 많다. 아파트와 단지를 묻는 건 사실 평수를 알아내려는 의도가 숨어 있을지 모른다.

얼굴을 마주하고 바로 묻기에는 껄끄러운 정보들을 조심스럽게 알아내는 과정들이 얼추 지나고 나면 서로의 정보는 입에서 입으로, 톡방에서 톡방으로 돌며 공식화된다.

공식적인 자리에서 알려지기 껄끄러운 비밀이 있는가? 그렇다면 가장 단속해야 할 대상은 바로 '나 자신'이다. 강의하면서 만나는 엄마들에게 입이 아프도록 강조하는 것은 바로 '내 입에서 나온 말이 나를 공격한다'라는 것.

초반에 민감한 정보 교류가 어느 정도 지났을 때쯤, 적당히 친해지고 술이 한두 잔 들어가면 은밀하고 재미난 이야기들이 오가는 건 당연한 일. 또래 학부모 그룹에서 어울리다 보면 어느 순간부터 속 얘기도 심심찮게 나온다. '이건 비밀인데요', '이건 자기한테만 하는 얘기인데' 하며 은연중에 동지로 묶이길 바라는 마음도 분명히 있을 것이다.

어떤 엄마들은 분위기에 취해서 결혼 전 연애 얘기까지 자랑처럼 주절주절 푸는 경우도 있다. 문제는 덧붙여서 과장을 얹거나 경험이 많은 것처럼 주책 떠는 경우들이다. 백이면 백, 이런 이야기들은 내가 없는 다른 단톡방에서 가십거리가 된다.

여행지에서 만났거나 유흥업소에서 잠깐 만난 사이가 아니지 않는가. 학부모라는 지위에서 만났다는 건 나의 말과 행동이 내 아이와 연결된다는 것을 뜻한다. 자녀를 통해 알게 된 학부모들은 내 친구가 아니다. 나를 먼저 알고 내 아이를 나중에 만난 고등학교 동창들과는 다르다는 이야기다.

나는 엄마들에게 학부모 관계에선 외교관과 같은 마인드를 가지라고 말한다. 나의 말투와 행동, 차림새가 내 아이와 가족을 대표한다는 것을 잊지 말아야 한다. 내 성격이 어떻든, 그룹에서 내 나이대가 어떻든, 공손한 말투와 경청하는 자세를 갖추는 것은 기본이다. 공적인 자리에서는 그에 맞는 공적인 태도를 갖춰야 한다. 적당한 선에서 속마음이나 감정을 감추는 것은 비즈니스 관계의 기본이다. SNS 시대에서 비밀 유지는 어렵다. 한 명이 아는 비밀을 백 명이 알게 되는 것은 시간문제다. 기억하라. 감추고 싶은 나의 비밀은 가장 먼저 어디에서 나오는가? 바로 내 입에서 나온다.

첫 학부모 모임, 엄마들의 속마음은?

학기 초, 아이의 반이 정해지면 자연스럽게 엄마들의 커뮤니티도 만들어진다. 온라인과 오프라인에서 여러 번의 공식, 비공식 모임이 생기며 서로에 대해 차츰차츰 알아가는 과정이 시작되는 것이다.

과거에는 아이가 임원이면 엄마도 학부모 대표가 되는 경우가 많았다. 회장 엄마는 담임 선생님에게 학부모 명단을 받아 같은 반 엄마들에게 전화를 돌리곤 했다. 요즘은 개인 정보에 대한 개념이 과거와는 달라졌기 때문에 임원 엄마는 알음알음 명단을 모은다. 일반적으로 학부모 총회가 열리는 날이 엄마들의 첫 대면식이라고 보면 된다.

학부모 총회의 내용은 학교나 반에 따라 조금씩 차이는 있지만, 대부분 학교 행사에 대한 이야기가 오간다. 언제 어떤 행사가 있고 그 안에서 학부모들은 무슨 역할을 하는지 등이다. 참석 여부에 대한 얘기가 나올 것이고, 학교와 아이를 어떻게 지혜롭게 연결할지 등의 의견을 나눈다.

그러나 이런 주제와 상관없이 엄마들의 레이더는 쉼 없이 돌아간다. 주변을 살피며 또래 학부모들을 티 나지 않게 관찰한다. 앞으로 내 인생에 펼쳐질 새로운 관계를 궁금해 하며, 탐색 또 탐색한다.

다들 조용히 미소 짓고 있지만 아마 속으로 이런 생각을 하느라 시간 가는 줄 모를 것이다.

'으악, 이 아줌마들이랑 과연 내가 친하게 지낼 수 있을까?'

'애들 학원이나 교육 관련된 정보를 좀 얻어야 할 것 같은데, 이 분들이 도움이 될까?'

'헤헤, 심심한데 잘됐다. 이참에 친구나 사귀어야지.'

'저 여자 옷 잘 입네. 말도 우아하게 잘하고. 딱 내 스타일~! 친하게

지내야겠어.'

'어휴, 저 여자는 화장이 왜 저래? 헉, 가까이 오네! 나한테 말 걸 건 가 봐!'

결과는 어차피 유유상종이다. 비슷한 엄마들끼리 자연스럽게 어울리는 건 시간문제다. 공식적인 짝짓기 타이밍을 놓치면 집으로 가는 길, 귀갓길 대화가 시작된다. 같은 동네, 같은 방향에서 마주치는 학부모에게 은근하게 말을 거는 것이다. 세상 어딜 가나 적극적인 사람들은 꼭 있다.

"어머, ○○ 엄마, 여기 살아요? 저도 옆 동이에요. 시간 되시면 차나 한잔하고 가세요."

따라가는 사람도 있고, 얽히기 싫어서 도망 다니는 사람도 있고, 인간사 어디든 마찬가지. 이렇게 학부모들 사이의 조심스럽고 설레는 관계가 시작된다.

학부모 총회, 패션 TPO

3월 학부모 총회, 해가 바뀌고 처음으로 엄마들이 학교에 가는 날이다. 즉, 학부모로 공식 데뷔하는 날이다. 이때 가장 큰 고민은 '무엇을 입고 가느냐'다. 옷장을 열고 어떤 옷을 입을지 고민한다. 옷이 정해지면 그다음엔 가방 그리고 구두. 이날만큼은 엄마도 주인공이 되고 싶기 때문이다. '나도 한때는 잘나갔던 사람이야', '이참에 나의 미

모와 재력을 보여줘야지', '이 구역의 스타는 나다.'

다들 그런 마음으로 학교에 간다. 대부분 강당에서 교장 선생님 연설을 듣고 교실에서 드디어 담임 선생님과 반 엄마를 만나게 된다. 아까 강당에서 눈에 띈 엄마가 우리 반에 오면 왠지 반갑고 바로 친구가 될 것 같은 느낌이 든다. 아까 이상하다고 생각한 엄마가 교실에 있으면 약간 실망하기도 한다. 대개의 엄마들이 외모만 보고 중간 점수를 매기기 때문이다.

우리는 학부모다. 그리고 엄마에 대한 평가는 아이와 연결된다. 지나치게 짧은 치마나 몸에 딱 붙는 레깅스 같은 옷은 TPO, 즉 시간·장소·상황에 맞지 않는다. 학부모 총회가 파티가 아님에도 불구하고 파티 복장처럼 요란스럽게 입고 오면 '저 엄마는 생각이 있는 거야?'라는 우려를 산다. 한껏 멋을 부린다고 온갖 액세서리를 주렁주렁 매달고 오면 왠지 안쓰러워 보인다. 가장 좋은 패션은 요즘 말로 '꾸안꾸'다. 꾸민 것 같지는 않은데 왠지 멋스러워 보이는 패션, 언뜻 보면 평범해 보이는데 소재며 디테일이 고급스러운 패션, 가방 하나 척 걸쳤을 뿐인데 왠지 기품 있는 차림새. 이런 것들이 우리 엄마들의 위세를 올려주는 것이다.

학부모 총회에서 가장 난감한 일은 '짝퉁'이 들통날 때다. 짝퉁은 짝퉁끼리 있으면 구별이 안 된다. 그런데 오리지널 옆에 있으면 바로 드러난다. 학부모 총회에서 '있어 보이려고' 명품 가방(물론 짝퉁) 하나 들었는데 하필 바로 옆에 서 있던 엄마가 진품을 들고 온 것이다. 정말 어디라도 숨고 싶은 심정이 된다. 그래서 항상 강의에서 말한다. 학부모 총회에 짝퉁 들고 가지 말라고.

학부모 총회는 대부분 3월에 진행한다. 초봄이지만 봄 날씨는 변덕쟁이라 포근했다가도 느닷없이 눈이 오기도 한다. 봄이라고 실크 블라우스 한 장 입고 가면 얼어 죽을지도 모르고, 춥다고 모피코트 걸치면 거추장스러운 짐이 될 수도 있다. 상의는 니트에 재킷, 하의는 정장 바지나 스커트를 입으면 좋다. 더우면 재킷을 벗어도 되고 추우면 준비해 간 스카프 하나 두르면 되니까. 구두도 너무 높은 굽은 신지 말자. 교실에서 딱딱 구두 굽 소리가 들리면 민망하니까. 결혼식, 돌잔치에서 하던 풀 메이크업은 학부모 총회에는 필요 없다. 길고 긴 마스카라는 민망함만 안겨줄 것이다.

학부모, 친구가 되다

사실 엄마들이 마음 편히 친구를 사귈 기회는 많지 않다. 언니나 동생 같은 친자매가 있다고 해도 아이 낳고 키우다 보면 자주 만나지 못한다. 옆집 사는 이웃과 문 열어 놓고 이런저런 얘기를 하던 시대도 아니다.

이런 상황에서 지역과 환경, 특히 경제적 여건까지 비슷비슷한 또래 학부모들은 어쩌면 큰 부담 없이 지낼 수 있는 최적의 인간관계다. 내가 30평대면 그도 30평, 내가 20평대면 그도 20평. 이러한 물질적인 공통점은 '알 것 다 알고 만나는' 어른의 관계에서 꽤 큰 심리적 위안을 준다. 그러다 보니 학교라는 공적인 자리에서 만난 사이가 나이 들어서도 속을 터놓는 소중한 친구가 되기도 한다.

경험에 의하면 아이가 어릴 때, 특히 초등학교 입학 전에 만난 사이는 오래가는 경우가 많다. 또 아이의 성별이 같으면 엄마들끼리도 잘 맞고 관계도 오래 지속된다.

성격이 잘 맞아야 하는 건 두말하면 잔소리. 상대에게 잘 맞춰주고 겸손한 성격을 가진 엄마들이 나중까지 사이가 좋다. 혼자 주도권을 다 잡아야 직성이 풀리는 독불장군 스타일의 사람은 어디에서나 적이 생기게 마련이다.

또 돈 관계가 깔끔해야 오래간다. 만남이 잦아지면 소소하게 돈 쓸 일이 많아진다. 밥, 커피, 저녁에 가볍게 술 한잔 정도. 이런 계산에서 한쪽이 너무 부담을 느끼다 보면 사이도 곧 깨진다. 적은 돈이라도 깔끔하고 공정하게 나눠낼 줄 알아야 사람 사이도 무리 없이 지속된다.

아이를 매개로 만났지만 아이와 별개의 관계로 이어지는 경우도 많다. 엄마끼리 친하다고 해서 아이들끼리 꼭 친하다는 법은 없기 때문이다. 아이들 관계에 연연하다 보면 애들 때문에 엄마들 사이가 깨지는 경우도 있다.

엄마들 관계는 아이들 관계와 가급적 분리해서 생각하는 것이 편하다. 아이와 학교를 떼어 놓고 생각하면 대화의 주제가 공부에서 벗어나 다양해진다는 장점도 있다. 성적과 경쟁, 과도한 정보에서 자유로워지는 것이다.

같은 지역, 같은 환경, 같은 수준, 똑같이 아이를 키우는 학부모들은 처음엔 킬링 타임용 수다나 떨 심산으로 만났다가 도움도 주고받고 갈등도 겪으면서 점차 깊어지는 관계로 서로의 일상에 깊이 들어오게 된다.

여러 유형의 관계들

두 명이든 세 명이든 그 사이에 리더는 있다. 보통 학부모들이 모인 그룹에서는 교육 정보가 많은 사람이 리더가 된다. 엄마들의 나이는 비슷한데 아이가 둘째인 경우가 그렇다. 이미 첫아이를 통해 경험한 노하우와 정보가 쌓여 있기 때문이다.

한두 살 많기까지 하면 '언니~ 언니~' 하며 주위에 엄마들이 따르는 양상이 만들어진다. 내가 속한 그룹의 리더가 인성도 좋고 시야가 넓으면 감사할 일이다. 하지만 너무 공부를 안 하고 판단력이 떨어지는데 대장 노릇을 하려고 하면 피해를 볼 수 있으니 조심하자. 본인의 자녀는 공부를 안 했다고 후배 엄마들에게 공부할 필요가 없다고 말하기도 하는데, 이를 따르면 두고두고 후회하게 된다.

당연한 얘기지만 친한 사이에도 매사 말조심을 해야 한다. 지나친 자랑을 삼가는 것도 말조심에 해당한다. 의외로 많은 사람이 모임 자리에서 지나치게 자기 자랑을 늘어놓곤 한다. 자기 자랑뿐 아니라 굳이 궁금하지도 않은 먼 친척 재산까지 끌어와 자랑하는 사람, 처음엔

'우와' 하며 들어주던 사람들도 점차 멀어져 갈 것이다.

인원수에 대한 팁을 주자면, 그룹을 형성할 때는 의도적이라도 짝수를 지향하는 게 좋다. 두 명, 네 명, 여섯 명처럼 친한 친구는 짝수로 만들자. 유치한 것 같아도 관계라는 것은 아주 미묘하고 복잡하다. 누군가의 독점욕 때문에 외톨이가 된 한 명이 상처를 받는 경우가 있는데 모여 다니는 인원이 세 명일 때 특히 그렇다.

사실, 이렇게 요란스럽게 만난 인연 중에서 정말 나이 들어서까지 가깝게 잘 지내는 경우는 드물다. 기껏해야 10퍼센트도 되지 않는다.

돈 때문에 헤어지기도 하고 학교가 바뀌면 갈라진다. 이사 가면 더 볼 일이 없고, 입시가 끝나면 관계도 끝난다. 강남 같은 경우엔 입시가 끝나면 이사를 간다. 서울대에 합격했다면 그 옆으로 이동하거나 아예 경기도로 옮겨 평수를 넓히는 경우도 많다.

그럼에도 불구하고 정말로 오래가는 팀은 부부가 같이 참여해 함께 여행, 캠핑 등의 취미 활동을 하는 경우다. 혹은 아이들이 모두 입시에서 좋은 결과를 내고 성공 가도를 달리면 엄마들 관계도 지속된다. 실제로 대치동에는 드림팀이라고 불리는 그룹이 있다. 각 학교 1등 학생들의 학부모 모임이다. 사적으로 깊이 마음을 터놓고 시시콜콜한 이야기를 주고받는 사이는 아니지만 서로 필요에 의해 관계를 이어간다고 볼 수 있다. 이들의 관계는 때론 혼사로도 이어진다.

인연은 생각보다 질기다. 어차피 맺어진 인연, 그 인연이 끝날 때까지 무탈했으면 한다.

매일 만나면 부작용도 생긴다

처음에는 서먹서먹한 관계였지만 어느 정도 친분이 쌓이면 학부모들과 함께 있는 것만으로도 즐거워진다. 가까이 있는 이웃이 먼 친척보다 낫다고 하지 않았는가. 칼국수 한 그릇을 시켜놓고도 까르르 웃으면서 수다를 떨 수 있는 동네 친구는 새로운 활력소가 된다.

어느 그룹이나 리더십이 있는 사람은 있게 마련. 언제나 목소리 큰 엄마가 모임의 장소와 시간을 정한다.

"자, 아이들 보내고 몇 시에 어디에서 봅시다!"

동네마다 브런치 카페에는 아이 등교나 등원을 끝내고 모인 엄마들로 바글바글하다. 아침부터 메신저가 오는 경우도 있다.

"친정에서 뭘 보내주셨네요. 맛있는데 우리 집에 모여서 같이 먹어요."

이렇게 아침에 모인 자리가 저녁까지 이어지기 십상이다. 밤이 돼도 쉽게 끝나지 않는다. 예전과는 달리 엄마들끼리 맥주 한잔, 와인 한잔하는 것이 자연스러운 분위기다.

연예인 이야기, 아이 키우는 이야기, 시댁 이야기, 친정 이야기, 시간 가는 줄 모르고 이야기하다 보면 동창보다 더 가까운 느낌이 들기도 한다. 많은 대화 속에서 힐링도 되고 정보도 많이 얻지만 그만큼 부작용도 있다.

어느 자리든 마찬가지다. 말이 많으면 당연히 실수가 발생한다. 웃자고 시작한 말이 누군가의 험담으로 이어지기도 한다. 누군가의 말에 동조만 했을 뿐인데 시간이 지난 후에 내가 뒤집어쓰는 경우도 있다. 그 실수는 결국 약점이 되어 내 발목을 잡는다.

체력적으로 힘든 것도 무시하지 못한다. 아침부터 많이 웃고, 많이 이야기하고, 많이 먹느라 소비되는 에너지는 생각보다 크다. 두세 시간 만나고 헤어지면 별 탈이 없지만 보통 아이들 학교나 학원이 끝날 때까지 자리가 이어지기도 하고, 남편이 회식이라도 하게 되면 저녁까지 함께 붙어 있게 된다. 방전된 체력에 정작 집에 와서는 피곤해서 아이한테 짜증을 내기도 하고 아이 공부나 집안 살림에 소홀해지는 것이다.

함께 있는 시간도 중요하지만 나만의 시간을 소중하게 생각하면 좋겠다. 사람들과 어울리는 시간만큼 고독을 즐기는 시간도 필요하다. 나 자신을 위해 하루 중 한 시간 이상은 오롯이 홀로 떨어져 있어야 한다. 그 시간을 통해 우리의 정신은 고요함을 찾고 에너지도 충전되기 때문이다.

내 아이와 단둘이 보낼 수 있는 시간 또한 소중하다. 아이와 손잡고 도서관에 가고 차를 타는 대신 걸어서 학원에 가려면 시간 여유가 있어야 하지 않겠는가? 아이와 단둘이 걷다 보면 아이의 입에서 평소에 듣지 못한 속 깊은 이야기도 나온다. 같은 도서관을 가도 엄마 세 명과 아이 세 명이 무리 지어서 가게 되면 아이와 이야기할 수 없다. 내 아이와 함께 있어도 분명 엄마들의 대화에만 집중하기 때문이다. 아이 입장에선 엄마와 함께 있어도 그 끈끈함이나 온기를 느끼지 못한다.

이 경우, 이 모임 자체가 왜 시작됐는지 생각해볼 필요가 있다. 바로 아이 때문이다. 아이 교육에 대한 정보도 얻고, 같은 학교나 유치원에서 도움도 받고, 급하게 아이를 돌봐줄 사람이 필요할 때 편하게 부탁도 할 수 있어서 아니었을까?

"○○ 엄마, 제가 조금 늦을 것 같아요. 저희 아이 픽업 좀 부탁드려도 될까요?"

급할 때 가장 먼저 떠올릴 수 있는 친구가 바로 동네 친구이자 아이 친구의 엄마, 학부모다. 서로 부족한 것을 채워주고 도와주는 이웃이 있다는 것은 든든한 재산이다.

그러나 이 또한 너무 과하면 안 된다. 한 번, 두 번, 세 번, 네 번…… 같은 부탁을 계속하다 보면 부탁을 들어주는 쪽에서도 고개를 갸웃하게 될 테니 말이다. '이 사람이 나를 이용하나? 남편도 있고, 이모도 있으면서 매번 시키네?' 그러다 사소한 것으로 기분이라도 상하면 슬슬 피하게 되고 결국 그 관계는 틀어진다. 무엇이든 과한 것은 좋지 않다. 가급적이면 부탁도 정말 꼭 필요할 때만 하고, 고마운 마음은 소소하게라도 물질로 보상하는 매너를 갖추자.

학부모는 아이를 매개로 만난 관계다. 마치 고등학교 동창이나 대학 친구처럼 나에 대해 너무 많은 부분을 공유하지 않았으면 좋겠다. 서로에 대해 너무 개인적이고 세세한 부분까지 알고 있으면 사소한 일로 틀어질 가능성도 그만큼 커진다. 종종 엄마들 관계에서 상처를 받고 이사를 가거나 전학을 고민하는 사람들을 제법 보았다.

서로 가정이 있다는 것, 넘지 말아야 할 선이 있다는 것을 기억할 필요가 있다. 너무 가깝지도 너무 멀지도 않은 관계를 유지하자. 만나면 반갑고 기쁘고, 헤어지면 나의 삶을 사는 것. 그것이 좋은 인간관계의 기본이다.

조심 또 조심 단톡방

학부모 모임은 오프라인뿐만 아니라 온라인에서도 실시간으로 일어난다. 온라인 모임의 중심은 단체 카카오톡 채팅방, 이름하여 '단톡방'이다.

단톡방은 반마다 하나씩 있는 일상적인 문화가 됐고, 그곳에서 학부모 모임 일정이나 학급 운영 방침 같은 정보들이 오간다. 단톡방이 없다면 전체 공지가 있을 때마다 반 대표가 일일이 전화를 돌려야 했을 것이다. 지금 생각하면 참으로 불편한 일이 아닌가. 이 시대 학부모들이 고맙게 활용할 수 있는 문명의 편리이지만 이에 따른 소음도 만만찮다.

처음에는 하나의 공식적인 방이 생긴다. 초대받은 엄마들은 서로 조심스럽게 인사를 주고받을 것이다. 한 명씩 입장할 때마다 '안녕하세요', '반갑습니다', '반가워요', '어서 오세요', '와아, 반가워요'. 수십 개의 요란스러운 인사말이 오가며 두근거리는 것도 잠시. 곧 그 안에서도 의견을 주도하는 인물이 생기고, 간신히 따라 읽고 대답만 하는 부류도 생긴다. 물론 대답조차 하지 않는 사람들도 있다.

공지만 오가던 창은 금세 수다의 장으로 바뀐다. 누군가는 은근슬쩍 남편 자랑이나 돈 자랑을 하기도 하고 누군가는 묘하게 담임 선생님을 비난하며 동의를 구하기도 한다. 내가 쓴 글에서 1이 지워졌는데 아무도 리액션이 없을 땐 조바심도 나고, 표정과 뉘앙스가 전달되지 않는 텍스트 메시지인 만큼 오해가 생긴 건 아닌지 더더욱 조심스럽다. 이모티콘을 적절하게 사용했는지, 혹여 실수한 건 아닌지 고민도 되고, 밤늦게까지 쏟아지는 알람에 단톡방에서 나가 버리고 싶어도 정보에서 소외당하거나 다른 엄마들의 입방아에 오르내릴 것이 두려워 쌓이는 메시지를 지켜보는 나날이 지속된다.

서로에게 익숙해지고 성향도 알게 되면 자연스럽게 단톡방은 세포분열을 시작한다. 방 하나 더 만든다고 돈이 드는 것도 아니고 터치 몇 번으로 편하게 수다 떨 공간이 생기는 것이다. 같은 직무를 하는 몇몇 사람끼리 나눠지기도 하고, 친한 엄마끼리 따로 만들기도 한다. 그 방에 초대받지 못해도 문제, 너무 깊이 관여해도 문제다. 진짜 문제는 한 명을 따돌리기 위해 만들어진 방이다.

멤버 중 누군가가 마음에 들지 않는 행동을 하면 순식간에 그 사람을 뺀 다른 방이 비밀스럽게 만들어진다. 아마 많이들 경험했을 것이다. 그곳에서는 공공의 적을 마음 놓고 욕하며 아주 사적인 이야기까지 오가기도 한다. 비밀이 영원히 비밀로 이어진다면 불행할 일은 없을 것이다. 문제는 누군가 꼭 실수를 한다는 것. 모세포 방과 딸세포 방을 구별하지 못하고 딸세포 방에서 해야 할 말을 모세포 방에 하는 경우다. 청천벽력과도 같은 실수인데 재밌게도 생각보다 많이 발생한다. 이렇게 갈등이 불길처럼 번지는 것이다.

○○ 엄마	하아, 정말 요즘 짜증 나 죽겠어.
XX 맘	왜요, 왜요. 무슨 일 있어요?
○○ 엄마	아니… 이런 건 말하기 좀 그런데….
XX 맘	에이, 뭔데 그래요. 우리끼린데 뭐 어때요?
○○ 엄마	아니~ 내가 말 안 하려고 했는데….
	A 엄마 말이야. 에휴, 아니다. 됐어. 얘기 안 할래.
XX 맘	헐~, A 엄마 왜요? 그 여자가 또 이상한 말 했어요?
○○ 엄마	또? 어머, XX 맘도 당했구나? 나한테는 뭐라고 했냐면 말이야….

메신저를 통해 남의 험담을 하는 사람은 어딜 가나 있다. 뒷담화도 습관이다. 여러 부류의 사람이 모여 있다 보니 은근히 잘난 척하는 사람, 나서는 사람, 눈치 없는 사람 등 모난 돌이 눈에 띄게 마련이다. 그리고 그들을 타깃 삼아 '썰'을 풀어야 직성이 풀리는 사람도 분명 존재한다.

처음엔 은근하게 분위기만 조장하다 다른 사람들의 동의를 얻어가며 자신의 권력을 쌓아가는 것이다.

결코 가벼운 해프닝으로 넘길 일이 아니다. 이 과정에서 분명 상처받거나 피해받는 사람들이 생긴다. 기분 나빴다, 하고 넘어가면 그만이지만 심한 경우엔 법적 문제로 불거지기도 한다. 이런 경우는 생각보다 자주 일어난다. 요즘 학부모들 중에는 법조인이나 법률 관련 직업을 가진 사람도 많아서 자칫하면 드라마에서나 보던 고소니 소송이니 하는 사건이 우리 아파트 단지에서 벌어질 수도 있다.

명심할 것은 단톡방에서 오간 대화는 캡처만 하면 충분히 법적 증거가 된다는 것. 한국에서는 설령 그것이 사실이라 할지라도 당사자가 모욕을 당했다고 느끼면 명예훼손 및 모욕죄가 성립된다. 통화 중 오간 대화는 녹음 파일이 있다면 상황에 따라 증거로 쓰일 수 있다. 녹음보다 더 확실하고 간편한 증거 자료는 바로 메신저상에서 오간 텍스트다.

단 두 명에게 말했더라도 모두에게 영원한 기록으로 남을 수 있다는 사실을 명심하자. 그 외에도 너무 개인적인 얘기나 자식 자랑, 아이 성적과 같은 민감한 문제를 공식적인 자리에서 텍스트로 남기는 것은 어리석은 일이다. 절대 잊지 말아야 할 일은 학부모 만남의 매개는 아이라는 것, 내 아이디 앞에 아이의 얼굴이 있다는 사실을 꼭 기억하면 좋겠다.

정보를 주고받는 엄마들

엄마들은 모이면 정보를 주고받는다. 공부 잘하는 아이는 어떤 교재를 이용하는지, 이 동네에서 알아주는 학원은 어디인지 등. 궁금증을 참지 못해 이따금 웃지 못할 상황도 벌어진다. 교문 앞에서 만난 아이 친구에게 다짜고짜 물어보는 엄마도 있다.

"얘! 너 무슨 학원 다니니?"

넙죽 어느 학원 다니는지 말해주는 아이도 있고, 자기 엄마한테 단단히 교육을 받았는지 입을 꾹 다물고 고개만 젓는 아이도 있다. 우등생 집에 초대받은 엄마가 집주인이 다과를 준비하는 동안 몰래 아이 방을 촬영한 경우도 있다. 그 집 아이가 무슨 책을 읽는지, 무슨 문제집을 푸는지, 무슨 교재를 보는지 궁금한 나머지 찍는 것이다. 당연히 무례한 행동이고 학부모 관계까지 망칠 수 있는 행위다.

기막힌 사례이긴 하지만 그만큼 엄마들이 절실하게 원하는 것이 교육 정보다. 정보를 얻기 위해 자리를 만들고, 정보를 많이 갖고 있는 엄마가 그룹의 실질적인 리더가 되기도 한다.

보통 엄마들은 입소문이나 맘 카페에서 오가는 정보에 많이 의존한다. 그러나 모두에게 무료로 공개되는 정보를 신뢰할 수 있을까? 물론 아주 일반적인 부분이야 믿을 수 있겠지만 고급 정보라고 말하기는 어렵다. 다시 한 번 강조하지만 인생은 '기브 앤 테이크(give & take)'다. 대가가 없는 정보의 질과 양을 기대하긴 어렵단 말이다. 공개된 정보가 참인지 거짓인지, 우리 아이에게 정말 필요한지 확인하는 지혜가 필요하다.

특히 엄마들 입에서 나오는 이야기는 잘 걸러 들어야 한다. 엄마들이 모인 자리에서 수많은 이야기가 나와도 결국 내가 듣고 싶은 것만 들리고, 내가 원하는 대로만 기억하는 게 사람이다. A정보를 B로 해석한다거나 전체 중에서 듣기 좋은 부분만 깊이 마음에 새기곤 한다. 그뿐인가? 내가 좋아하는 엄마 입에서 나오는 말만 신뢰하는 경우도 있다. 평소 마음에 안 들었던 엄마가 하는 말은 일단 거르고 보는 것이다. 그런데 정작 그 사람 얘기 중에 보물이 들어 있을 수도 있다. 그리고 구전 정보의 특징은 '부정적인 점 찾기'라는 것. "그 학원 좀 그래", "거기 원장 이상해"처럼 말로 전해지는 정보는 '뭐가 좋다'보다는 '뭐가 별로다'라는 내용이 지배적이다.

학부모들이 모이면 자녀 교육과 입시 정보에 대한 대화가 끝없이 오가지만 정작 중요한 정보는 잘 내놓지 않는다. 진짜 좋은 교재, 정말 괜찮은 학원, 아주 고급스러운 입시 정보는 나만 알고 싶은 것이 사람 마음이기 때문이다.

그나마 정보에 관대한 부류는 주로 선배 엄마들이다. 3년 정도 앞서 입시를 완주한 경우엔 고급 정보를 내어주는 게 너그럽지만, 3년 이내의 나이 차이는 경쟁자라고 생각해 입을 다문다. 그렇다면 정말 필요한 정보는 어디에서 얻을 수 있을까?

입시 정보의 가장 믿을 만한 바이블은 '모집 요강'이다. 모집 요강만큼 확실하고 신빙성 있는 정보는 없다고 봐도 된다. 입학을 원하는 학교 홈페이지 자료실에서 모집 요강을 찾아서 꼼꼼히 분석해보자. 해마다 세부적인 내용은 조금씩 바뀌지만 전체적인 흐름을 이해하는 데에는 도움이 될 것이다.

그렇다면 사교육 정보는 어떻게 얻을 수 있을까? 가장 좋은 것은 발품을 파는 것이다. 학원의 종류는 다양하다. 유명한 학원, 셔틀버스가 다니는 학원, 이면도로에 있는 학원, 학교와 가까운 학원, 집과 가까운 학원 등 먼저 내 아이가 다닐 만한 학원의 목록을 작성해보자. 그

중 서너 군데를 골라 아이와 함께 직접 가보자. 상담도 받고 선생님도 만나보면 아이가 마음에 들어 하고 엄마가 보기에도 괜찮은 학원이 분명 있을 것이다. 그곳에 보내면 된다. 그보다 정확한 사교육 정보는 없다.

사실 지역마다 알아주는 학원은 정해져 있다. 국어는 어느 학원 어떤 선생님이 좋고, 수학은 어떤 학원이 좋다는 식이다. 입학시험(또는 레벨 테스트)이 어려워서 들어가기 힘든 학원도 있다. 다른 집 아이가 특정 학원에 다니는 것을 우러러보기도 하고, 내 아이가 다니는 학원을 특별한 스펙으로 생각하는 엄마도 있다.

하지만 길게 보면 이 또한 무의미하다. 아무래도 시험 성적으로 줄 세우기가 없는 초등학생의 경우 특정 학원에 다닌다는 사실로 실력을 인정받고 싶은 심리가 있는 것이다. 그러나 학원은 아이의 경력이 아니라 부족한 것을 보완해주는 수단일 뿐이다. 학원 이름에 목숨 걸 필요는 없다.

만약 다른 엄마를 통해 정말 얻고 싶은 정보가 있다면 그땐 정중하게 물어보는 게 좋다. 집에 초대받았다면 자그마한 케이크라도 하나 사 들고 가서 물어보자.

"제가 이사 온 지 얼마 안 돼서 그러는데 이 동네 괜찮은 학원 좀 추천해주시겠어요?"

예의를 갖춰 청하는 데 싫어할 사람이 얼마나 되겠는가. 밥을 사든, 선물을 하든, 정보 제공에 대한 답례를 하는 것은 매너다. 기억하자. 세상에 공짜는 없다.

돈거래에서 꼴불견 되지 마라

사람이 자주 만나다 보면 돈 쓸 일이 생긴다. 간단하게 커피 한잔, 다 같이 먹은 밥값, 학부모 모임 회비, 물건을 여러 개 사서 인원수대로 나눌 때 등.

얻어먹을 때도 있고 낼 때도 있고, 더치페이를 하기도 한다. 매번 이렇게 받아먹기만 해도 되나 눈치 보일 때도 있고, 한 번도 지갑을 안 여는 엄마가 있다면 짜증도 난다. 항상 당당하게 쏘겠다는 엄마가 고맙기도 하고 '돈이 엄청 많은가 보네?'라는 생각에 아니꼬울 때도 있다. 액수가 크든 작든 은근히 신경 쓰이고 자칫하면 기분 상하는 게 바로 돈 문제다. 돈 때문에 맘 상했다고 하면 괜스레 내가 치사하고 쪼잔해지는 것 같아 기분이 더 나쁘다. 하지만 어쩌랴. 돈 거래에서 얄밉게 구는 엄마들이 많다는 건 공공연한 사실이다.

대여섯 명 이상의 어느 정도 규모가 있는 모임이라면 밥값 계산이 어렵지 않다. 특별한 이유가 있지 않은 한 각자 자기가 먹은 것을 부담한다는 생각을 하기 때문이다. 식사 후 한 명이 대표로 결제한 뒤에 그 사람에게 입금해주는 식으로 쉽게 계산을 마친다.

그런데 두세 명 정도의 적은 인원이 모이면 계산을 어떻게 해야 할지 애매해진다. 이럴 때는 보통 먼저 일어나 지갑을 여는 사람은 매번 습관처럼 자기가 계산하고, 여느 때와 다름없이 계산대 앞에서 주춤거리는 사람은 다음에도, 그다음에도 돈을 잘 안 낸다.

심지어 이런 경우도 있다. "지갑 안 가져왔으니까 대신 계산 좀 해줘. 내가 나중에 만 원 보내줄게"라기에 돈을 냈는데 아무리 기다려도 보내준다던 만 원을 안 내놓는 경우다. 고민 끝에 얘기했을 때 "어머, 미안해!" 하며 바로 송금해주면 양반이다. 그걸 굳이 받으려고 하냐는 눈빛으로 쳐다보면 기가 막힌다.

모임이 잦고 돈이 오갈 기회가 많으면 그만큼 돈을 둘러싼 행각들도 천태만상이다. 날 잡고 엄마들 불러서 사연을 모아보면 아마 오만 가지 에피소드가 쏟아져나올 것이다.

"스무 명 정도의 엄마들이 만 원씩 걷어서 선물을 샀는데, 반 대표 엄마가 자기 이름만 싹 달아서 선물했지 뭐예요?"

"밥을 다 먹고 회비를 걷을 때 끝까지 내지 않는 진상들 있어요."

"아유, 우리는 한 번씩 돌아가면서 계산하는데 그 엄마는 자기가 먹을 때만 딱 만 원 이하로 금액대를 정한다? 그래 놓고 남이 살 땐 꼭 비싼 메뉴만 시킨다니까."

"만날 돈 꾸는 사람 꼭 있어. 잔돈 있어? 나 천 원만, 오천 원만, 만 원만 이러면서."

"그렇게 돈 자랑, 명품 자랑하더니 밥은 한 번을 안 사더라고요."

'웬일이니, 별꼴이다'라며 키득거리고 웃고 넘길 만한 에피소드들이지만 사실 참 속상한 이야기다. 엄마들 쓰는 돈이래야 몇 만 원 남짓이지만 그 얼마 되지 않는 돈 때문에 상대방을 치사하고 속 좁은 사람으로 만드는 건 나쁜 태도 아닐까? 심한 경우엔 일부러 돈을 빼먹겠다는 악의도 느껴진다.

요즘엔 다단계 회사에서 일하는 학부모가 동료 학부모들을 상대로 화장품이나 미용 기구를 강매하다시피 팔며 부담을 주는 경우도 있다고 한다. 모임 분위기 자체가 난처해지기도 하고, 친한 사이에서는 제법 상처받을 일이다.

개인적으로도 이와 비슷한 일을 겪었다. 학부모 모임에서 만난 한 엄마는 여러 차례 지켜봤음에도 절대 돈을 내는 법이 없었다. 테이블도 세팅하고 후식도 내오는 등 부지런히 손발을 움직이지만 계산할 때가 되면 꼬박꼬박 뒤로 빠지는 것이었다. 내가 나이도 많은 데다 돈 쓰는 걸 아까워하지 않는 것으로 보이니 으레 얻어먹는 걸 당연하게 생각하는 모양이었다. 하루는 얄미운 생각에 식사 전에 "오늘은 ○○ 엄마가 사세요"라고 가볍게 얘기를 꺼냈다. 상대가 몹시 당황하며 "어어어, 네네! 사, 사려고 했어요"라며 말을 더듬는 게 아닌가. 그날 식사하는 내내 마음이 무거웠다. 내가 누굴 가르치겠다고 한 소리 한 게 미안하기도 하고 찜찜했다. 모임 자체도 즐겁지 않고, 그 후에도 내내 불편한 마음이 들었다.

그날 이후, 엄마들을 만나기 전엔 비용 문제를 투명하게 밝혔다. '언제 몇 시에 만나요', '오늘 모임은 누가 식사비를 냅니다', '후식 커피는 더치페이예요' 등. 처음엔 냉정해 보이고 정 없어 보이겠지만 투명하게 공지하는 것만큼 깔끔하고 정확한 건 없다.

아이가 공부를 시작하면서 만나게 된 학부모는 서로 동등한 관계다. 한쪽이 나이가 많거나 아이 성적이 좋다고 해서 위아래 계급이 형성되지는 않는다. 돈거래도 마찬가지다. 가급적이면 모임에 드는 비용은 N분의 일로 나눠 내는 문화를 만드는 게 좋다. 물론 아이가 상을 받았다거나 집에 축하할 일이 생겨서 한 번씩 밥값을 쏘는 건 좋은 일이다. 하지만 다른 사람에게 호구처럼 보이지는 말았으면 한다. 당연하게 늘 밥을 사는 엄마, 늘 궂은일을 도맡아 하는 엄마, 늘 음식을 내오는 엄마가 되지는 말자. 엄마들 모임에서 과하게 비싼 음식을 먹을 필요도 없고 허세 부릴 것도 없다.

제 돈이 귀하면 남의 돈도 귀한 법이다. 내 돈도 남의 돈도 알뜰하게 사용해 서로 얼굴 붉힐 일은 만들지 않는게 좋다.

학부모 모임, 왕따를 겁내지 마라

어른이 되어 한 아이의 엄마라는 자격으로 만난 학부모 관계는 생각할수록 참 묘하고 요망하다. 유쾌하고 편안한 사이처럼 보이지만 별것도 아닌 한두 마디에 마음이 쓰이고 상처를 받기 때문이다. 내가 빠진 다른 모임에서 나와 내 아이 이야기가 어떻게 떠돌지 조마조마하고, 나와 친했던 엄마가 나 몰래 다른 엄마들과 약속을 잡으면 밤에 잠이 안 온다. 많은 엄마가 학부모 관계는 별것 아니라고 생각했다가 과도하게 스트레스 받는 자신에게 놀라고 이 상황에 당황한다.

처음엔 환하게 웃으며 "안녕하세요, 저는 ○○ 엄마예요" 하며 다가왔던 좋은 친구가 여기저기 말을 전하고 다닐 때, 보기와는 다르게 사람을 독점하거나 편을 가르며 야비한 행동을 할 때면 가슴이 답답하고 외로워진다. 그 예민하고 민감한 부분을 남편에게 말하면 "그렇게 신경 쓰이면 모임을 나가지마"라고 참 성의 없는 대답을 한다.

그래서일까. 엄마들 관계가 틀어져서 누구네 집이 옆 동네로 이사를 갔다더라, 아이가 유치원을 옮겼다더라, 전학을 갔다더라 하는 이야기가 자주 들린다. 겪어보지 않은 사람은 이해하기 어렵겠지만 아파트 단지마다 수시로 벌어지는 일상이다.

시간이 지나 생각해보면 굳이 그럴 필요가 없었다. 어차피 아이가 자라고 학년이 올라가면 지금 머리가 터질 것 같은 그 관계 자체도 자연스럽게 끝난다. 지금이야 영원할 것 같지만 아주 특별한 경우를 제외하고는 길게 가는 일이 드물다.

스쳐 지나가는 인연에 너무 많은 에너지와 시간, 감정을 허비하는 것은 아닌지 돌이켜볼 필요가 있다. 앞날의 걱정은 잊고 순간을 즐기는 지혜가 필요하다.

반 모임 일정을 알게 되면 재미있게 가서 식사하고, 이야기하고, 마음 맞는 서너 명이 만나서 차 한잔 마시고 헤어지고, 그 과정이 물 흐르듯 자연스럽고 무리가 없으면 충분하다. 엄마들을 만나 대단한 정보를 얻겠다거나, 꼭 좋은 친구를 사귀어서 친하게 지내겠다거나, 모임에서 주도권을 잡겠다는 욕심은 버리자.

어떤 엄마와 친해져서 내 아이와 그 집 아이를 단짝으로 만들겠다는 것도 엄마만의 욕심이다. 어차피 아이가 3학년 정도 되면 엄마의 바람대로 친구를 사귀지도 않으니 말이다.

　앞서 엄마는 아이를 대표하는 '외교관 마인드'로 학부모 모임에 나가야 한다고 말했다. 문제가 발생하지 않도록 늘 신경 쓰되 문제가 생기면 조용하고 신속하게 처리하는 것이 슬기로운 방법이다. 학부모 모임에서 조금 속상한 일이 있더라도 돌아와서 전화나 카톡으로 부정적인 말을 전하는 것은 피하고, 오가는 비용은 N분의 1로 나누는 것을 기준으로 무난하게 이 시기를 흘려보내길 바란다.
　만약 내가 말실수를 하거나 금전적인 문제로 갈등이 생겼다면 단톡방에서 정정당당하게 사과하거나 조용히 처리하자. 억울한 마음에 일을 크게 키우면 결국 다시 자신에게 돌아온다는 것을 잊지 말자.

　주류 세력에 들어가지 못하더라도, 나와 친한 엄마가 다른 엄마와 나 몰래 약속을 잡더라도 너무 속상해 할 필요는 없다. 학교에서 전해주는 이야기를 듣고, 얼굴 한 번 보며 즐거운 시간을 보내면 그만이다. 스트레스를 받기 시작하면 끝이 없는 게 인간관계지만, 언제나 답은 적절한 거리 두기에 있다. 학부모들 사이의 친분에 너무 집착하지 않으면 된다. 조금 떨어져도 괜찮고, 약간 소외돼도 괜찮다. 왕따를 겁내지 말자.

단톡방 매너 10계명

1 말과 글은 다르다

얼굴을 마주 보고 대화를 나눌 때는 표정이나 제스처 등 충분한 몸짓 언어로 정서를 풍부하게 표현할 수 있다. 그러나 억양이나 뉘앙스가 배제된 글에서는 상대가 오해를 할 수도 있고 상처를 받을 수도 있다. 상대의 마음을 배려한 공손하고 정돈된 문장을 사용하자. 몇몇 멤버들과 친해졌다고 하더라도 공식 대화방에서 반말은 금물이다.

2 예민한 주제, 민감한 주제는 피하라

정치 문제, 종교 문제처럼 사람마다 의견이 다를 수 있는 이슈는 웬만하면 꺼내지 말자. 선거철에 떠도는 음모론 관련 글은 아무리 재밌더라도 제발 혼자만 간직하라. 너무 사적인 내용도 마찬가지다. 아이 성적 문제나 가정경제와 관련된 내용은 단톡방에서 언급하면 안 된다. 내 의도와 상관없이 불쾌해 하는 사람이 생길 수 있다.

3 확인되지 않은 사실을 마치 진실인 것처럼 말하지 마라

일명 '카더라' 통신이다. 근거도 없이 각종 소문을 물어 나르는 사람은 어딜 가나 있다. 사회적으로 가짜 뉴스를 경계하는 분위기지만 여전히 카더라 통신의 파급력은 대단하다. '나도 어디서 들어서 확실치는 않다'는 전제하에 말을 전하기도 한다. 그러나 무책임하게 퍼뜨린 소문 때문에 누군가는 상처받을 수 있고, 법적 공방으로 이어지기도 한다.

4 단톡방에 없는 사람 얘기하지 마라

단톡방에서 나온 험담이나 비방, 사생활 폭로는 100퍼센트 그 사람 귀에 들어간다고 생각하자. 앞에서 하지 못할 이야기는 뒤에서도 하지 말자. 뒷담화의 당사자가 마음만 먹는다면 간단한 캡처로 법적 자료로 제출할 수 있다. 최근 몇몇 대학교에서 남학생들이 단톡방에서 여자 동기·선후배의 외모를 비하하고 성적인 조롱을 주고받은 일이 있었다. 법원은 명예훼손죄 및 모욕죄 등이 성립된다고 판결했고, 정보통신망 이용 촉진 및 정보 보호 등에 관한 법률에 따른 처벌이 이뤄졌다. 묘하게 선동하는 사람도 있고 덥석 미끼를 물고 신나게 뒷담화를 하는 사람도 있다. 모두 처벌 대상이 된다는 것을 잊지 말아야겠다.

5 너무 귀여운 척하지 마라

자칫 딱딱할 수 있는 텍스트 메시지 상에서 감정을 풍부하게 표현해주는 이모티콘이나 애교스러운 말투는 분위기를 말랑하게 풀어준다. 그러나 말끝마다 '~용'을 붙이거나 '~염'을 붙이며 과하게 귀여운 말투가 습관인 경우엔 전송을 누르기 전에 다시 한 번 생각해보는 게 좋다. 여러 사람이 모인 만큼 각자의 취향도 다르지 않겠는가? 누군가는 귀엽다고 느낄 수도 있지만 누군가는 싫어할 수도 있다.

6 자식 자랑, 남편 자랑 하지 마라

물어본 사람도 없는데 '남편 병원 환자가요…' 하며 직업 정보를 흘리거나 시댁 소유의 부동산 시세를 얘기하는 사람들이 적잖다. 게다가 내 자식은 내 눈에만 귀하고 예쁘지, 다른 사람들은 별 관심이 없다. 해외여행 다녀온 가족 사진, 자기 아이 활동 사진, 심지어 반려동물 사진으로 단톡방을 도배하면 눈치 없는 엄마로 낙인찍힐 것이다. 처음엔 간간이 이어지던 호응도 곧 침묵으로 바뀐다.

7 사담으로 도배하지 마라

노래방에서도 마이크 혼자 잡고 있는 사람은 꼴불견이다. 다른 사람의 의견을 묻거나 의사를 조율하는 것도 아니면서 단톡방에서 자질구레한 사담을 길게 이어가는 사람이 있다. 반응하기에도 애매하고 메시지가 쌓이는 것을 보는 것도 피곤하다. 혼자서 너무 많은 양의 대화를 주도하지 말자. 단톡방은 초대된 사람 모두의 것이다.

8 모두에게 할 말은 단톡으로, 개인적으로 할 말은 일대일톡으로

단톡방에서 사적인 대화는 금물이다. 특히 아이들 사이에서 갈등이 일어나거나 해결해야 할 문제가 있을 때는 그 사건과 관련된 사람과 개별적으로 연락해 풀어나가야 한다.

"오늘 A가 우리 B에게 심한 말을 해서 B가 상처를 받았다고 하네요. A엄마 주의 부탁드려요~^^"와 같은 내용이 단톡방에 올라온다면 모두를 상대로 망신을 주겠다는 뜻이다. 당사자뿐 아니라 다른 사람들까지 난처하게 만들지 말고, 개인적인 문제는 개인적으로 해결하자.

9 대답은 하자

내성적인 성격이라면 모든 대화에 일일이 끼지 않고 주로 읽기만 하는 경우가 많겠지만 필요한 경우엔 간단한 대답으로 존재감을 확인시켜주자. 워킹맘이라 확인이 늦은 경우에도 '죄송합니다. 확인이 늦었어요. 아까 말씀 하신 내용에 대한 제 생각은 이러이러합니다' 라고 요령껏 피드백을 주는 것은 필요하다. 또 누군가가 공들여 정보를 공유했다면 '좋은 정보 감사합니다' 정도의 인사말은 건네는 게 매너다.

10 밤늦게 메시지 쓰지 마라

직장에서도 퇴근 후에 업무 관련 카톡을 보내면 욕먹는다. 가족과 함께하며 내일을 위해 충분히 쉬어야 하는 밤늦은 시간, '카톡, 카톡' 울리는 메시지는 공해 수준이다. 원하지 않는 사람은 자체적으로 무음 설정을 해놓을 수도 있지만 채팅 시간은 모두 함께 배려해야 할 예의다. 특별하게 급한 일이 아니라면 밤늦은 시간에는 단톡방도 쉬어야 한다.

담임 선생님은
교육의 동반자

학기가 시작되면 엄마의 걱정은 커져 간다. 내 아이의 학교생활을 알 방법이 없으니 답답할 따름이다. 행여 소통이 어려운 선생님을 만나지는 않을까, 우리 아이만 불이익을 당하지는 않을까 불안하다. 시대가 바뀌어도 엄마에게 학교와 선생님은 여전히 불편하고 어려운 존재다. 그러나 학부모와 선생님은 적이 아닌 한 팀이다. 함께 아이를 관찰하고, 정보를 나누고, 교육을 고민하는 협력자 관계여야 한다. 좋은 팀워크를 유지하며 소통하고 참여하는 방법을 알아보자.

선생님도 학부모가 어렵다

학기가 시작되면 엄마들의 걱정이 시작된다. '어떤 반에 배정될까?', '어떤 선생님을 만날까?' 지레 걱정한다. 반 배정이 끝나고 담임 선생님의 정보가 나오면 먼저 겪어본 선배 엄마들에게 선생님의 성향과 공부 방식을 체크하기 바쁘다. "그 선생님 어때?", "어떤 스타일이야?" 혹시 나쁜 소문은 없는지, 우리 아이와 궁합은 잘 맞을지 궁금한 게 한두 가지가 아니다. 평판이 좋은 선생님을 만나면 안도하고, 안 좋은 얘기라도 들으면 마음이 철렁 내려앉는다.

초등학교는 교사의 전근이 5년에 한 번씩 이뤄지기 때문에 다른 학교에서 갓 부임한 경우가 아니면 선생님에 대한 평가는 이미 학부모들 사이에 어느 정도 형성돼 있다. 엄마들이 선호하는 인기 있는 선생님, 또는 피하고 싶은 선생님 리스트까지 엄마들의 입에서 입으로 이야기가 전해진다.

새로운 학기와 함께 시작될 관계에 대해 걱정하는 건 학부모뿐만이 아니다. 학부모가 선생님을 어려워하듯, 선생님들도 학부모가 부담스럽다. 학교 규정에 맞춰 학생들의 반 배정이 이뤄지고 담임이 누구인지 결정되고 나면 선생님들끼리도 떨리는 마음으로 아이와 학부모에 대한 정보를 주고받는다.

전년도에 가르친 학생에 대해 특이 사항이 전달되고 조심해야 할 블랙리스트도 오간다. 진상 학부모에 대한 소문은 선생님들 사이에서도 뜨겁다. 시도 때도 없이 민원을 넣는 예민한 학부모나 준비물조차 모르는 무심한 학부모는 특히 경계 대상이다. 규칙을 잘 지키지 않거나 감정 조절이 잘 안 돼 학급 분위기를 흐리는 아이들에 대한 내용도 비교적 세세하게 오간다.

그런데 지나고 보면 노파심에 미리 전달받은 정보들은 사실 크게 도움이 되지 않는다. 모든 인간관계는 '케이스 바이 케이스(case by case)'다. 막상 경험해보면 엄마들이 걱정한 것에 비해 선생님과 아이가 잘 통하기도 하고, 선생님 입장에서도 문제아로 소문난 학생이 생각보다 무난하게 한 해를 넘기기도 한다.

학부모와 교사의 관계는 갈등과 대립의 관계가 아니다. 아이의 바른 성장을 돕기 위해 유기적으로 소통하고 돕는 관계다. 서로 존경하고 배려할 때 아이는 긍정적으로 배우고 성장한다.

간혹 선생님의 나이가 어리거나 경험이 적다 싶으면 자신보다 아랫사람으로 보는 엄마들도 있다. '아직 경험이 없어서 뭘 잘 모르나 본데'라거나 '아이도 안 키워본 여자가 뭘 알겠어?' 하는 생각은 굳이 표현하지 않아도 은연중에 행동으로 비치게 마련이다. 상대가 그 마음을 읽었다면 당연히 무척 불쾌할 것이다. 나이나 경험과는 상관없이 모든 교사는 교육 전문가다. 아이의 성장과 발달, 학습에 대해 오랜시간 공부하고 훈련했으며, 누구보다 치열하게 아이들에 대해 고민하고 연구하는 사람이다. 전문가의 권위를 인정하지 않는 것은 결국 나와 내 아이에게 백해무익 아닐까?

아이에게 학교와 선생님은 큰 역할을 한다. 하루 24시간 중 잠자는 시간을 제외하면 선생님은 엄마보다 더 긴 시간 동안 아이와 함께 있는 존재다. 아이에 대해 가장 잘 아는 사람은 엄마라고 생각하겠지만 실상 아이의 모습은 집에 있을 때와 학교에 있을 때가 많이 다르다. 내 눈에 보이는 모습이 전부라고 생각하는 데서 실수가 발생한다.

선생님과 부드럽고 좋은 관계를 이어가고, 그 영향이 아이에게 이어지도록 학부모로서 슬기로운 대처가 필요하다.

담임 선생님에게 아이의 단점을 말해도 될까?

"그냥 봐서는 잘 모르실 수도 있는데 우리 애가 좀 산만하고 정신이 없어요. 한 번은 어떤 일이 있었냐 하면요."

"어렸을 땐 안 그랬는데 요즘 갑자기 사회성이 떨어지는 것 같아서 걱정이에요. 장난도 너무 심하고요. 이게 다 저희 남편 때문인 거 같아요."

담임 선생님과 아이의 많은 부분을 공유하며 도움을 받고자 하는 엄마의 마음은 누구나 같다. 아이가 얌전하고 걱정을 덜 끼치면 모르겠지만, 부모 눈에 늘 불안한 문제아 같은 아이라면 어디서부터 어떻게 선생님과 이야기를 나눠야 할지 고민이 될 것이다.

학기 초, 담임 선생님과 아이에 대한 정보를 공유하는 것은 중요하다. 신체적으로 특별히 치료의 경험이 있어 배려가 필요한지, 음식 알레르기처럼 절대 잊지 않고 챙겨야 하는 요소가 있는지, 아이의 주요 능력이나 또래 집단과의 관계 형성은 어떠한지 등. 적절한 정보를 주고받는 것은 꼭 필요하다. 그래야 선생님도 아이를 배려하며 도와줄 수 있다. 그러나 아이의 단점을 말해도 될지 고민하는 많은 학부모들에게 나는 '되도록 말을 아껴라'라고 조언한다.

담임 선생님을 못 믿어서? 괜히 이야기했다가 아이가 찍혀서 불이익을 당할까봐? 자녀 교육을 제대로 못 한 부모라고 흉볼까봐? 그런 이유로 정보를 숨기라는 뜻은 절대 아니다.

첫째, 엄마가 관찰한 아이의 모습이 객관적으로 정확하지 않기 때문이다. 엄마가 생각하는 아이의 단점이 무엇이냐에 따라 다르지만 사람은 누구나 강점이 있고 부족한 면이 있다. 그리고 아이들은 하루가 다르게 변화한다. 어제의 아이가 다르고 오늘의 아이가 다르다. 집에서 본 단편적인 모습으로 아이의 인성이나 성향을 단정 지어 버리는 것은 바람직하지 않다. 특히 종일 아이와 붙어 있으며 아이 문제로 고민하는 엄마라면 그 상황에 몰입해 아이의 잘못만 눈에 띄기도 한다. 밖에 나가면 단점이 아닌 것도 걱정이 많은 엄마 눈에는 부각되어 보이게 마련이다. 주관적인 시선으로 판단을 내리기보다는 다양하게 가능성을 열어두기를 권한다.

둘째, 선생님과의 상담 시간은 말을 많이 하기보다는 듣는 자리여야 한다. 내가 만난 많은 학부모가 흔히 하는 실수가 제한된 시간 안에 과도하게 많은 말을 하는 바람에 선생님의 발언권을 빼앗는 것이다. 1학기 학부모 상담이 이뤄지는 3월 초는 담임 선생님이 30여 명 정도 되는 아이들 파악이 채 끝나지 않은 상태다. 선생님마다 속도의 차이는 있지만 아직 아이의 얼굴과 이름, 행동 특징을 연결하기까지 조금 더 시간이 필요하다.

한두 달이 지나면 자연스레 아이에 대한 이해도가 생기고 특징별 교육 방향도 잡히게 마련이다. 그러나 이런 파악이 채 이뤄지기도 전에 너무 많은 정보, 게다가 부정적인 정보를 알려주면 어떻게 되겠는가? 선생님도 사람인지라 과도한 정보에 체할 수도 있고, 부정적인 프레임 속에서 아이를 대할 수도 있다.

무엇보다 선생님의 교육 철학이나 교육 방침을 들어야 한다. 그것을 듣고 이해하고 존중하며, 집에서도 아이에게 같은 방향으로 이끌어야 한다는 것을 명심하자.

선생님과 대화할 수 있는 시간은 길지 않다. 고작해야 30분 안에 말씀을 듣고 궁금한 점을 물으며 아이의 정서와 학습에 꼭 필요한 정보를 공유해야 한다. 그만큼 중요한 시간을 불필요한 걱정이나 하소연으로 허비하는 일은 없어야 한다. 아이의 부족한 점이나 고쳐야 할 점, 엄마가 보기에 답답하고 아쉬운 점이 있다면 몇 달이 지난 후에 선생님 눈에도 보일 것이다. 그리고 혹시라도 그것 때문에 문제가 발생한다면 차후에 상담할 기회가 있을 것이고, 열린 마음으로 선생님과 의논해 교정 방법을 찾으면 된다.

선생님과 처음 대면하는 1학기 상담에서는 아이의 단점보다는 가정에서 관찰한 객관적인 현상이나 엄마가 발견한 아이의 빛나는 잠재력, 혹은 사랑스러운 모습을 공유하면 좋다. 그만큼 소통이 중요하다. 짧은 기간 안에 여러 학부모를 상대해야 하는 상담은 엄마들뿐 아니라 선생님에게도 긴장되며 피로도가 꽤 큰 자리이다. 좋은 인상을 남기고 선생님을 격려해 드리자. 아이를 사랑으로 세심하게 관찰하는 학부모, 선생님을 존중하고 예의를 갖춘 학부모, 교육에 관심이 많고 적극적으로 참여할 의사가 있는 학부모를 만나면 선생님도 힘이 나며 아이도 새롭게 보일 것이다.

학부모 상담, 1학기와 2학기가 다르다

초등학교에서는 일반적으로 1년에 두 번의 상담이 이뤄진다. 3월 중순부터 4월 초에 이뤄지는 1학기 상담, 9월 중순부터 10월 초에 이뤄지는 2학기 상담. 대다수 학부모가 1학기 상담은 담임 선생님과의 첫 대면인 만큼 꼭 참여하기 위해 노력하는 데 비해, 2학기는 전화 상담으로 대신하거나 별다른 신청 없이 지나가기도 한다. 그러나 1학기 상담 못지않게 중요한 것이 2학기 상담이다. 선생님 중에는 1학기 상담은 빠지더라도 2학기 상담은 반드시 직접 학교에 방문하길 권하는 분들도 많다.

일단 1학기와 2학기는 상담의 목적이 다르다. 앞서 말한 것처럼 1학기에는 담임 선생님이 학급의 모든 아이에 대한 파악이 세세하게 이뤄지지 않은 상태다. 우리 아이가 1년 동안 함께할 담임 선생님을 직접 만나고 인사한다는 의미가 무엇보다 클 것이다. 교사로서의 교육 방침을 듣는 자리이며 선생님의 교육에 도움이 될 수 있는 정보가 있다면 전달해 드리는 것이 1학기 상담의 목적이라고 볼 수 있다.

2학기가 되면 상황이 달라진다. 한 학기 동안 선생님은 매일같이 아이와 많은 시간을 보내며 아이의 성향과 자질, 특성 등을 파악하게 된다. 수업 시간뿐 아니라 쉬는 시간, 밥 먹는 시간, 청소 시간 등 초등학교에서는 담임 선생님이 아이들을 다양한 상황에서 여러 방식으로 경험하게 된다. 이를 토대로 선생님은 아이를 관찰하고 발견한 것, 나름대로 평가한 부분에 대해 자세하게 이야기할 것이다. 그 이야기를 잘 듣고 오는 것이 2학기 상담의 목표라고 보면 된다.

엄마는 내 아이가 모범적으로 성실하게 학교생활을 잘 하고 있을 것이라고 굳게 믿는다. 하지만 대부분의 아이가 수업 시간에 집중도도 떨어지고 친구들과 다투는 등, 대체로 한두 가지 정도는 고쳐야 할 부분들을 갖고 있다. 그리고 그것은 큰 문제가 아닐뿐더러 성장하는 과정에서 노력하면 해결할 수 있는 부분들이다.

물론 아이에 대해 부정적인 이야기를 들으면 엄마는 눈물이 왈칵 나올 정도로 속상하다. 좋은 면도 많을 텐데 굳이 상담 때 단점만 쏙쏙 골라서 언급하는 선생님을 만나면 화가 나기도 하고 반박하고 싶을 때도 있다. 그러나 가급적이면 선생님의 말을 인정하고 받아들이자. 그리고 가정에서 어떻게 도움을 줄 수 있을지 진지하게 상의하는 게 좋다.

마치 판결문에 저항하듯 선생님이 뭘 아시냐며, 잘못 보신 거라고 건건이 따지는 엄마가 생각보다 많다. 그러나 그것만큼 어리석은 일이 없다는 걸 알려주고 싶다. 학부모에 대한 인상은 당연히 내 아이에게도 영향을 끼친다. 겸손하고 예의바른 태도로 선생님께 좋은 인상을 드렸다면 아이가 조금 실수를 하더라도 엄마를 신뢰하는 마음으로 좋게 넘어갈 수 있는 일도 상담 때 나쁜 태도를 보이면 '그럼 그렇지'라는 선입견을 심어줄 수도 있다. 게다가 다음 학년 선생님에게 그 내용이 고스란히 전달되지 않겠는가?

굳이 아이를 위해 나서고 싶다면 최대한 정중하고 조심스럽게 하자.

"선생님께서 많이 힘드셨을 것 같아요. 우리 아이가 감정이 예민하고 즉각적으로 화를 내기는 하지만 조금 기다려주면 곧 진정하고 상황을 파악하더라고요. 그때 잘못을 차근차근 알려주시면 아이도 받아들이지 않을까 생각됩니다. 저도 집에서 감정을 조절할 수 있게 지도하겠습니다."

겸손한 태도로 자신의 생각을 밝히면 선생님도 눈치를 채고 이해하며 아이가 잘되는 방법을 고민하실 것이다.

아이가 별문제 없이 무난하게 학교생활을 잘하는 경우도 있다. 시간이 허락한다면 아이의 생활에 대해 평소 궁금한 것들을 메모했다가 질문해도 좋을 것이다. 엄마는 학교에서 생활하는 아이의 모습을 직접 볼 수 없다. 그렇기 때문에 수업에 잘 참여하는지, 특별한 과목에서 어려움이 있는지 등 학습에 대한 부분도 체크하고, 교우 관계가 원만한지, 어른들에게 예의 바르게 행동하는지 생활적인 면도 확인해야 한다. 상담을 기회로 선생님께 직접 물어보면 도움이 될 만한 정보를 얻을 수 있다. 주의할 점은 객관적인 관찰을 기반으로 한 구체적인 질문을 하라는 것이다.

"글자를 읽기는 하지만 쓰는 것이 아직 서투른데 수업을 따라가는 데 어려움은 없나요?", "밥 먹는 시간에 장난을 치거나 너무 천천히 먹는 경향이 있는데 급식 시간에 문제는 없는지 걱정이에요"처럼 아이의 행동에 대해 구체적으로 물어보는 게 바람직하다.

그러나 "우리 애 몇 등 정도 해요?", "○○랑 친한 거 같던데, 걔네

부모님은 뭐 하는 사람이에요?"처럼 반 석차나 다른 친구에 대한 질문은 선생님을 난처하게 만들 뿐 아니라 아이의 성장에도 전혀 도움이 되지 않는다.

가장 중요한 것은 선생님을 신뢰하는 것이다. 선생님의 말이 마음에 들지 않더라도 제삼자의 시각에서 새로운 견해를 듣는 것만으로도 큰 의미가 있다고 생각하자. 그리고 학년이 올라가면 자연스레 담임 선생님도 바뀐다. 설령 선생님 때문에 속상한 일이 생기더라도 너무 마음 쓰지 않았으면 한다. 전문가와 아이에 대해 집중적으로 고민하고 이야기를 나눌 수 있는 기회는 생각보다 많지 않다. 학부모도 선생님만큼 잘 준비하고 좋은 태도를 갖춰서 1년에 두 번 있는 상담을 아이와 엄마가 발전하는 기회로 삼으면 좋겠다.

내 아이와 담임 선생님 사이

선생님과의 상담이 끝나면 그때부터 엄마의 진짜 역할이 시작된다. 아이는 궁금증이 가득한 얼굴로 우리 반 교실과 선생님을 눈으로 확인한 엄마의 반응을 살필 것이다. 혹시 부족한 상담 시간 때문에 충분한 이야기를 하지 못했거나 좋지 않은 기분으로 상담을 마무리했다 해도 아이에게 학교에 대한 말을 전달할 때는 조심해야 한다.

담임 선생님을 만나고 온 후, 아이에게 전할 수 있는 말은 세 가지면 충분하다.

"너희 학교 정말 좋더라."
"선생님이 참 좋은 분이시더라."
"선생님이 널 칭찬하시더라."

학교는 아이가 생활할 곳이다. 전학을 가지 않는 이상 반을 바꾸는 것도 불가능하다. 아이가 행복하려면 학교라는 공간을 당연히 기쁜 공간, 행복한 공간으로 인식해야 한다. 그러므로 아이 앞에서 선생님에 대한 이야기를 할 때는 최대한 가려서 하자. 엄마가 선생님을 존중하고 있다는 것을 아이가 알게 하는 것이 중요하다.

"직접 만나보니까 더 좋으시더라", "학교에서도 존중 받고 있는 분이셔."

어린 시절에는 엄마의 말이 곧 진리다. 엄마의 한두 마디 평가가 아이에겐 학교와 선생님을 신뢰하는 데에 절대적인 영향력을 행사한다. 중요한 것은 아이에게 직접 말하지 않는 경우에도 이 사실은 꼭 기억해야 한다. 다른 엄마들과 이야기하거나 전화 통화할 때에도 아이들의 귀는 열려 있다. 아이에겐 좋게 얘기하고 뒤돌아서서 다른 학부모와 통화할 때 '그 선생 별로야' 같은 말을 하는 경우가 더러 있다. 우연히 그 얘기를 들은 아이는 엄마도, 선생님도 믿기 어렵다. 그리고 제아무리 선생님의 나이가 어려도 존칭을 생략해서는 안 된다.

그리고 선생님의 입을 빌어 아이의 학교생활을 칭찬해주는 것이 좋다. 선생님이 아이에 대해 단 하나도 좋은 말씀을 안 해주셨을 수도 있다. 속상하더라도 아이를 위해 엄마가 살짝 내용을 만들어서 칭찬해주면 좋다.

"선생님이 네가 밝다고 하셨어", "네가 똑똑하다고 하시더라", "인사를 잘해서 바르게 잘 컸다고 칭찬하시더라고."

칭찬을 싫어하는 사람은 없다. 아이는 선생님이 자신을 좋아한다는 사실에 신이 날 것이다. 설사 그전에 선생님께 야단을 맞았거나 서운한 일이 있어도 선생님에 대한 인상이 좋게 바뀔 수 있다. 그리고 그건 생각보다 굉장한 변화를 만들어낸다.

사랑받고 싶고 인정받고 싶은 어린아이의 욕구는 더욱 순수하고 강렬하다. 그리고 사랑받지 못할까봐 불안하고 두려운 마음 역시 어른들이 생각하는 것보다 크다. 그 마음을 읽고 보듬어준다면 아이의 행동은 분명 바뀐다.

"발표를 할 땐 손을 끝까지 들어야 된대", "급식 먹을 때 장난을 치면 위험할 수도 있으니까 조심하라고 하시더라."

혹시라도 아이가 받아들이고 고쳐야 할 부분이 있다면 그다음에 말하는 게 좋다. 조금 무겁거나 조심스러운 내용이 있다면 선생님 입을 거치지 않고 엄마 선에서 수정하는 것도 방법이다.

절대 하면 안 되는 일이 있다. 상담이 끝난 후 단톡방에서 다른 학부모들에게 선생님에 대한 이야기를 하는 것이다. 특히 나이가 어리다거나 잘 모르는 거 같다는 등, 선생님의 권위를 건드리는 말을 언급하는 것은 특별히 조심해야 한다. 앞서 이야기했듯 학부모 네트워크에서 오간 대화에 비밀이란 없다. 조금 과장하자면 한두 명에게 한 말은 이미 백 명의 귀에 들어갔다고 생각하는 것이 편할 것이다.

사람에게는 누구나 장단점이 있다. 담임 선생님 또한 인간적인 장단점이 있을 것이며 본인의 교육에서 중요하게 생각하는 부분과 그렇지 않은 부분이 존재할 것이다. 엄마는 그 교육관에서 우리 아이가 배울 수 있는 것을 찾아내고 선생님의 장점을 아이에게 전해주어야 한다. 독서 교육을 중요하게 생각하는 담임 선생님을 만났다면 그 해는 책 읽는 습관을 제대로 들일 수 있는 발전의 기회로 생각하고, 공정함을 최고의 원칙으로 생각하는 담임 선생님을 만났다면 아이도 그 가치를 이해할 수 있게 도와주면 된다. 슬기로운 엄마는 아이의 학교생활을 빛나게 해주는 방법을 안다.

아이의 말을 곧이곧대로 듣지 말자

학교에서 돌아온 아이가 종종 선생님 이야기를 할 때가 있다. 선생님이 나만 미워한다거나 친구와 같이 잘못했는데 억울하게 혼자 야단을 맞았다는 얘기를 들으면 엄마의 가슴도 무너진다. 열심히 했는데 매번 상을 받지 못해 속상할 수도 있고, 열심히 손을 드는 데 발표를 안 시켜준다고 하소연할 때도 있다.

"뭐! 선생님이 애들을 차별한다고?"

이럴 때 불쑥 엄마의 감정이 들어가면 판이 이상하게 돌아간다. 아이가 하는 말은 반드시 확인해야 할 필요가 있다.

아이들은 대부분 자기가 유리한 쪽으로 이야기한다. 아직은 시야가 좁기 때문에 전반적인 맥락을 파악하지 못하고 자기중심적으로 해석하기 때문이다. 자신의 잘못을 최소화하고 상대의 잘못을 키워서 말하는 건 아이들의 특징이다. 친구와 싸운 후에도 모든 아이가 상대방이 먼저 잘못했고 나는 어쩔 수 없이 방어하다가 싸움이 일어난 것이라고 변명하지 않는가.

학교는 여러 아이가 함께 생활하는 곳이다. 선생님의 일정한 지침도 아이마다 다르게 받아들일 수 있다. 양가에서 사랑만 받고 자라 야단을 맞은 적 없는 아이라면 더 서럽고 억울하게 받아들이거나 엄마에게 위로받고 싶은 마음에 더 부풀려서 이야기할 수도 있다.

"속상했겠구나. 선생님이 여러 아이를 같이 보느라 그러셨나 봐." 대부분의 경우 이렇게 아이를 달래면 해결되곤 하지만 혹시라도 상황이 심각하거나 반복된다면 다른 방법을 찾아야 한다.

이때 엄마의 지혜로운 판단이 필요하다. 무조건 직진하는 것도 위험하고, 다른 사람의 입을 빌어 우회적으로 전달하는 것은 또 다른 오해를 만들 수도 있다. 만일 심각하다고 판단되면 선생님께 상담을 신청하는 게 좋다. 선생님과 소통하는 방법은 다양하다. 방문하여 상담을 청하는 방법, 전화나 문자로 문제를 논의하는 방법, 아이의 알림장에 적어 보내는 방법 등이다.

선생님이 다음 수업을 준비해야 하는 쉬는 시간에 전화를 걸어 격정되는 부분을 한참 동안 이야기하는 학부모도 있다. 퇴근 후 늦은 시각에 개인적인 휴식을 취하는 선생님에게 카톡을 보내 학급 이야기를 묻는 학부모도 많다고 한다.

엄마 입장에서는 내 아이의 일이 가장 시급하게 처리해야 할 우선순위겠지만 여러 명을 상대하는 선생님은 퇴근 후엔 개인으로 돌아와 본인의 시간을 가져야 한다. 가장 추천하는 방법은 수업이 끝나는 시간 즈음에 문자로 정중하게 메시지를 보내고 필요 시 전화나 방문 상담 시간을 잡는 것이다.

상담에 가서도 흥분하지 않고 예의를 갖춰 선생님의 말씀을 듣는 것이 가장 좋다. 오해가 있으면 풀릴 것이고, 고쳐야 할 점이 있다면 개선하면 되는 거니까. 대부분의 선생님은 가르치는 것을 좋아하고 아이를 사랑한다. 그런 마음을 갖고 있기 때문에 그 직업을 오래 할 수 있는 것이다. 진심이 통하면 해결 안 되는 일은 거의 없다. 선생님에게 항의를 한다거나 따진다는 생각보다는 가정에서 지도할 때 필요한 팁을 얻는다는 마음으로 임했으면 좋겠다. 궁금한 점은 물어보고, 아이의 말에 왜곡되거나 과장된 것은 없는지 확인하며 앞으로 집에서 어떻게 가르치는 것이 좋을지 여쭤보는 태도를 가진다면 서로에게 도움이 될 것이라고 본다. 상담을 무탈하게 마무리했으면 "선생님 덕분에 마음이 편안해졌습니다. 정말 감사드려요" 하고 감사 인사를 전하는 것도 잊지 않아야 한다.

교사와 학부모는 적대 관계가 돼서는 안 된다. 아이의 말만 곧이곧대로 듣고 대뜸 교장 선생님에게 민원을 넣거나 교육청에 얘기하는 것은 사건 해결에 아무런 도움이 안 된다. 다른 학부모들과 여론을 만들어서 일을 키우려고 하는 것도 여러 사람을 난처하게 하는 일이다.

상담 후에 크게 달라지는 게 없을 수도 있다. 아이와 선생님이 정말 안 맞을 가능성도 있다. 그래도 너무 다행스러운 일은 초등학생은 1년마다 담임 선생님이 바뀐다는 사실이다. 지금 선생님과 맞지 않아도 큰 사건 없이 넘어가는 게 중요하다. 어쩌면 내년에는 아주 좋은 선생님을 만날 수도 있으니까. 시간은 생각보다 빨리 지나간다. 선생님이 우리 아이를 예뻐해주지 않는다고 엄마와 아이가 함께 속상해하는 것은 아무 도움도 안 된다. 그냥 성실하게 학교에 다니다 보면 또 다른 평가가 만들어지기도 한다. "어머, 1학기보다 2학기가 훨씬 더 의젓하고, 공부도 잘하네요"라는 말을 들을 수도 있을 것이다.

센스 있는 감사 표현법

학부모 상담 약속이 잡히면 엄마들은 고민이 많아진다.

'정말 빈손으로 가도 될까? 그래도 우리 애를 봐주는 분인데 성의 표시라도 해야 하지 않을까?' 음료수 한 상자나 하다못해 쿠키 세트라도 들고 가야 하는 건 아닌지 고민이 될 것이다. 정답은 정해져 있다. '선물 일절 금지'다. 2016년부터 시행된 청탁 금지법에 따르면 공무원이나 공공기관 임직원, 학교 교직원 등은 일정 규모 이상의 (식사

대접 3만원, 선물 5만 원, 경조사비 10만 원 등) 금품을 받으면 처벌 대상이 된다. 흔히들 '김영란법'으로 잘 알고 있는 법률로 시행 초기에는 잡음도 많았지만 몇 년에 걸쳐 자리를 잡아가고 있다. 덕분에 과거에 으레 찔러주던 촌지 관행도 사라졌다고 평가받고 있다.

김영란법을 알고는 있지만 스승의 날 즈음이 되면 엄마들의 고민은 더 깊어진다. '야박하게 선물 안 한다고 우리 아이를 미워하지 않을까?', '나만 순진하게 가만히 있다가 당하는 거 아니야?', '혹시 다른 엄마들은 다들 선물하는 건 아닐까?' 이 시기가 되면 맘 카페 게시판이 덩달아 바빠진다. "혹시 맘들은 스승의 날에 선물하세요?", "가벼운 선물은 해도 되지 않을까요? 추천 좀 해주세요."

이 또한 답은 정해져 있다. 5만 원 이하라 하더라도 아이를 지도하고 평가하는 선생님에게 선물을 전달하는 것은 법에 위반된다. 공식적인 자리에서 학생들이 꽃을 전달하는 것은 허용되지만 학부모 선에서 개별적으로 전달하는 것 또한 불법에 해당한다.

내가 아이를 키울 때는 스승의 날에 많은 아이가 꽃을 들고 학교에 갔다. 손으로 만든 종이꽃도 있고, 꽃집에서 맞춘 커다란 꽃바구니도 있었다. 선생님은 웃으며 받으셨지만 그 이후 꽃은 어떻게 됐을까? 스승의 날 행사 다음 날, 교실 여기저기에 있던 꽃 무덤을 보고 쓸쓸했던 기억이 아직도 선명히 남아 있다. 선생님이 그 많은 꽃을 집으로 가져갈 수도 없고, 꽃을 준 학생의 이름 또한 기억할 수 없는 걸 충분히 이해한다.

그럼 선생님에게 감사의 표시는 언제 해야 할까? 정말 쎙 하니 얼굴을 돌려도 되는 건가? 나는 감사를 표현할 수 있는 가장 적절한 시기는 종업식이라고 생각한다. 1년 동안 우리 아이 잘 가르쳐주셔서 감사하고, 잘 보살펴주셔서 고마운 것은 사실이 아닌가?

자, 먼저 아이와 함께 선생님께 드릴 손 편지를 쓰자. 성의 없이 '감사합니다'라는 말만 달랑 쓰지 말고, 마치 추억을 회상하듯 선생님과 함께한 그 어떤 시점을 구체적으로 쓰면 선생님도 분명 기억하실 것이다. 스승과 제자가 함께한 모든 기억은 소중하고, 그 추억을 기리는 일은 아름답다. 손 편지를 받은 선생님은 우리 아이를 오랫동안 기억하실 것이다.

여기서 잠깐! 센스 있는 엄마는 편지만 보내지는 않는다. 남편이 생일 날 사랑한다는 편지만 달랑 주면 섭섭하지 않던가? 청탁 금지법에 따르면 졸업생의 경우, 100만 원 이내에서 꽃과 선물을 허용한다. 졸업을 하지 않았다면 교과목 수강과 관련이 없을 경우에만 5만 원 이하의 선물이 허용된다. 이런 점을 고려해서 선생님 입장에서 잘 고민해보면 좋겠다.

보디 클렌저 종류를 많이 드리는 경향이 있는데, 개인적으로 추천하지 않는다. 보디 케어 제품은 저렴한 가격에 비해 포장이 근사한 게 특징이다. 아마 그 이유 때문에 선물로 많이 선택되는 듯하다. 그러나 딱딱한 박스에 알록달록 색깔 종이가 가득한 포장을 풀었을 때 내용물 자체가 그다지 고급스럽지 않다면 받는 사람도 실망하게 마련이다. 게다가 향기가 있는 제품은 취향 편차가 심하지 않은가. 나는 마음에 들지만 누군가는 싫어하는 향이나 감촉일 수도 있다.

과일류도 굳이 추천하지 않는다. 보관과 쓰레기 처리 때문에 상대가 힘들 수 있다. 특히 차갑게 냉장된 수박을 골라 오는 경우도 있는데 자르기도 힘들고 껍질 처리를 생각하면 곤욕일 것이다.

굳이 선물을 추천하자면 평소에 편하게 입을 수 있는 옷은 어떨까 싶다. 정부 방침에 따라 학교 내부 온도는 일정하게 유지해야 한다. 개인에 따라서 냉방이 과하거나 난방이 약하다고 느낄 수 있다.

여자 선생님 같은 경우엔 봄과 가을에 카디건을 학교에 두고 종종 걸친다. 고급스러운 니트 카디건은 누구라도 좋아할 것이다. 다만 색상과 사이즈는 잘 선택하고, 교환권을 함께 넣는 센스도 발휘하자.

남자 선생님은 취미 삼아 운동을 하는 경우가 많다. 테니스나 배드민턴 같은 체육 활동 시 편하게 입을 수 있는 캐주얼웨어가 필요할 것이다. 목이 늘어지는 것 말고 깔끔하게 옷깃이 정리되는 폴로셔츠 정도면 적당하다. 선물은 특별한 게 좋다. 매일 구입하는 검은색이나 감색 말고 흰색 또는 빨간색도 좋다. 남자 선생님도 가끔은 패션 일탈을 꿈꾸니까.

사실 물질적인 보상 때문에 아이들을 아끼는 선생님은 거의 없다. 학부모가 신경 쓴다고 해서 특별히 누굴 편애하는 일도 결코 없다고 봐야 한다. 그러나 선생님도 사람인지라 선생님 눈에 밟히는 예쁜 아이, 사랑스러운 아이는 따로 있다고 한다. 그리고 그것은 학부모의 처세 여부나 선물과는 아무 상관이 없다는 게 여러 선생님들의 공통적인 의견이다.

긍정적인 아이, 친구들의 갈등을 중재하는 아이, 수업 시간에 눈을 반짝이며 집중하는 아이, 잘못을 인정할 줄 아는 아이. 이런 아이라면 누가 봐도 예쁘고 사랑스럽지 않겠는가?

배움의 자세를 갖춘 아이를 만드는 것은 엄마의 역할이다. 공부를 좋아하고 친구를 배려할 수 있는 아이로 성장하도록 가정에서 지도하고 준비를 시켜보자. 자세와 태도가 준비된 아이를 가르치고 감사와 존경을 받는 것. 그것이야말로 선생님에게는 최고의 선물이 될 것이다.

학원 선생님은
절대 을?

학원을 꼭 보내야 하는 건지, 보낸다면 어떤 학원을 보내야 하는지 종류
도 많고 논란도 많은 사교육 선택지 앞에서 엄마들의 고민도 하염없이
늘어난다. 이 순간 필요한 것은 엄마의 지혜! 학원을 선택하고 관계를
유지하려면 엄마의 곧은 중심과 판단력이 있어야 한다. 아이는 생각보
다 오랜 시간을 학원에서 보내며 공부하고 친구도 사귀며 선생님과 만
난다. 사회적 네트워크를 통해 아이의 실력뿐 아니라 인성과 가치관도
성장하기 때문이다.

초등학생 사교육에 대해 말하다

과도한 사교육 경쟁과 사교육비 지출에 대한 논쟁은 예전부터 있어
왔다. 그 이야기를 하기 전에 사교육의 정의부터 짚고 넘어갈 필요가
있다. 사교육은 공교육에서 이뤄지지 않는 모든 교육을 포함한다. 학
교 내에서 이뤄지더라도 방과 후 활동이나 돌봄 교실처럼 의무 교육
이 아닌 것, 추가 비용이 드는 것이라면 모두 사교육에 해당한다고 봐
야 한다.

이렇게 정의하면, 대한민국 사교육은 사실 유아기부터 시작된다고

볼 수 있다. 대다수의 엄마가 육아용품뿐 아니라 각종 교구와 전집에 적잖은 돈을 쓰기 때문이다. 산후조리원 동기나 맘 카페의 또래 엄마들이 구입한 책이나 교구를 보면 우리 집도 근사한 진열장을 만들어 놓아야 할 것 같은 조바심이 든다. 두 돌도 되지 않았는데 벌써 경쟁에 뒤처질까봐 고가의 교구와 전집을 들여놓는 것이다. 이게 꼭 필요한지 아닌지는 구입하는 엄마 자신도 확신이 없다. 그런데 다른 사람들이 다 사는데 나만 안 사면 불안한 게 사람 심리 아니겠는가.

훗날을 생각하면 이 시기의 비용은 최소화해야 한다. 그냥 무조건 안 쓰는 개념보다 미래를 위해 저축한다고 생각하면 좋다. 사고 싶은 교구가 보일 때마다 아이 이름으로 된 통장에 차곡차곡 돈을 모으라고 권하고 싶다. '이건 나중에 우리 아이 유학 보낼 비용이야', '이건 훗날 근사한 선생님에게 레슨 받을 때 쓸 돈이야.' 이렇게 생각하면 소비의 유혹도 이길 수 있다. 사실 돈이 없어서 아이에게 해주고 싶은 걸 못 해줄 때 엄마들은 우울하고 짜증이 난다. 하지만 내 통장이 두둑하면 '못' 해주는 게 아니라 '안' 해주는 것이 되니 마음의 여유가 생겨나는 것이다. 유아기 교육의 포인트는 두뇌 계발과 신체 발달이다. 이것이 가능하도록 도와주는 최고의 교재는 자연이다. 머리가 좋아진다고 구입한 수많은 교구와 교재들이 박스도 안 뜯은 채 구석에 처박혀 있는 집이 의외로 많다. 남편이 볼 때마다 "저거 언제 쓸 거냐"라고 묻는 것조차 엄마에게는 스트레스다. "아, 미쳐. 내가 그걸 왜 샀지?" 초등맘들이 하는 후회 중 '톱 3' 안에 드는 항목이다.

초등학교에 입학하면 본격적으로 공부에 대한 고민이 시작되면서 사교육에 관심도 높아진다. 사교육을 꼭 해야 하는지, 얼마나 해야 하는지, 적절한 지출은 어느 정도인지, 시기별로 꼭 가야 하는 학원이 있는지 등 엄마들의 질문과 고민은 끝이 없다. 물론 정해진 정답은 없다. 하지만 중요한 포인트는 있다. 사교육은 전략적으로 활용할 때 의미가 있다는 것이다.

집마다 아이의 성향이 다르고 가정의 형태가 다르겠지만 '샤론코치's 연령별 최신 교육법(본문 p.172~241)'을 읽고 숙지한다면 도움이 될 것이다. 학령기 연령대마다 아이에게 필요한 학습량과 공부 포인트를 담았다. 이것들 중 엄마표로 해결할 수 있는 것과 전문가의 도움이 필요한 것을 나눠보고 사교육의 방향을 선택하면 좋겠다.

초등 저학년의 경우 엄마 선에서 해결해야 하는 부분 중 첫 번째는 공부 습관이고 두 번째는 국어다. 영어는 목표를 어디에 두느냐에 따라 사교육의 방향과 정도가 갈린다. 공부 습관은 5세부터 초 3까지 잡아두면 차후 편하다. 초 4부터 자기중심이 강해지고 사춘기가 시작되면 틀에 맞춘 학습이 어려워지기 때문이다. 감정 조절이 어려운 것은 물론이고 잠까지 많아져 절대적으로 공부 시간이 부족해진다. 그 반면, 공부 습관이 잡힌 아이들은 이 부분에서 확실히 수월하다. 깨어있을 때, 감정이 온화할 때 꼭 해야 할 공부는 알아서 하니까. 그래서 초 3까지 공부 습관을 잡으라고 강조하는 것이다. 이 부분은 저자의 책 《엄마주도학습》에 자세히 나와 있다.

국어는 초등 저학년 때 꼭 해야 하는 과목이다. 그러나 현실은 국어 공부할 시간을 따로 주지 않고 독서나 글쓰기 학원에 보내는 것으로 대신한다. 국어 공부는 독서에서 독해로 넘어가야 가능하다. 학원이 아니라 집에서 엄마와 혹은 혼자 공부해도 충분하다. 아이가 좋아하는 교재 한 권을 사서 처음부터 끝까지 꼼꼼하게 공부하는 것이다. 1년 정도 꾸준히 하면 보이지 않는 국어 실력이 쌓인다. 요즘 강조하는 독해력, 문해력은 이렇게 만들어지는 것이다.

영어는 이 시기까지 엄마표가 가능하다. 물론 학원 수업과 병행하는 엄마들도 많다. 이때 강조하고 싶은 것은 엄마표로 하더라도 영어의 네 가지 영역인 읽기, 듣기, 말하기, 쓰기를 골고루 발전시키라는 것이다. 자칫 읽기에만 집중하면 차후 객관적인 영어 실력을 평가받을 때 불리하다. 듣기나 쓰기 영역 점수 때문에 학원 레벨 테스트에서 떨어지거나 공인 영어 성적이 저조하게 나오게 된다.

수학은 가장 고민이 많이 되는 과목이다. 그런데 연산이나 경시대회에 포커스를 맞추면 자칫 수학을 포기하는 '수포자'가 될 가능성이 높아진다. 수학은 처음에는 놀이로 시작해 사고력 수학으로 맛을 보고 학교 진도를 나가면 된다. 능력에 따라 선행학습을 하고, 객관적인 실력 검증을 위해 경시대회에 나가는 것이다. 그런데 초등 저학년 경시대회 참가는 득보다 실이 많다. 일단 아이가 너무 어려서 심리적 부담이 크고 학습 내용이 적으며 난이도가 낮은 편이라 진짜 실력을 가늠하기 어렵다. 엄마들은 대개 경시대회에 대한 환상이 있다. 그래서 초 1부터 시험에 내보내고 상을 받으면 지인들에게 한턱 쏘기도 한다. 초1 때 받은 상장이 차후 입시에 무슨 도움이 되겠는가? 그리고 그 실력이 고 3까지 유지되는지는 지켜봐야 알 수 있다. 초등 저학년 때는 '평가'에 민감하지 말고 "수학을 갖고 놀아라"라고 말해주고 싶다.

초등 저학년 때 많이 보내는 학원은 동네에 있는 미술학원, 피아노 등 악기 학원과 태권도 등 체육 학원이다. '2015 개정 교육과정'에서는 예술과 체육 부분을 많이 강조한다. 1인 1악기, 1인 1체육 활동도 지원하고 중학교에서는 연극 수업도 한다. 예술과 체육은 우리 아이들이 성인이 됐을 때 더 필요하다. 취미 혹은 세미 프로 수준의 실력만 있어도 한 사람의 일상은 행복으로 가득 차기 때문이다. 이렇게까지 멀리 안 보더라도 예술적 감성은 당장 초등 숙제나 중등 수행평가에서 빛을 발한다. 초등 저학년까지는 예술과 체육 활동을 시켜보자. 훗날 엄마에게 고마워할 것이다. 그런데 만일 아이가 싫다고 하면 과감히 안 해도 된다. 그림을 못 그리더라도 그림을 보는 안목이 있으면 되고, 악기를 연주하지 못해도 명곡을 들을 수 있는 귀가 있으면 된다. 그런데 운동은 건강과 체력을 위해 필요하니 가급적 여아는 발레, 남아는 수영을 했으면 한다(여아도 수영은 해야 한다. 생존 수영은 필수다).

초등 고학년(통상 초 4부터)부터는 진짜 공부를 시작해야 하는 시기다. '공부를 죽어라 해야 하는 시기'가 아니라 '제대로 해야 하는 시기'라는 뜻이다. 또한 본인의 꿈과 진로, 직업까지 염두에 둬야 한다. 중학교 1학년 자유학년제를 대비해야 하기 때문이다. 초 4부터 미래 직업에 관한 책도 읽고, 관련 활동도 한다면 수월할 것이다. 물론 의미 있는 활동은 자료와 기록으로 남겨야 한다.

과목 학습은 수학이 가장 중요해진다. 아이의 능력에 따라 선행학습을 진행하고 영어는 잠시 휴식기를 가질 것. 그렇다고 영어를 아예 하지 말라는 얘기가 아니라 학습 시간을 줄이고 원서 읽기나 영어 일기 쓰기로 기본 실력을 유지하라는 얘기다. 영어의 감만 유지하고 그 대신 많은 책을 읽어 콘텐츠를 쌓아두면 좋다. 공인 성적은 아이의 영어 실력에 따라 중학교 입학 전에만 만들면 된다.

국어는 학교 공부에 충실하고, 한자어 공부를 많이 하고, 진로와 관련된 책을 읽으면 차후 입시가 편해질 것이다. 초 6부터는 중학교 내신 대비를 위해 국어 전문 학원에 다니는 것도 좋은 방법이다. 이때 만들어 놓은 국어 실력이 최상위권과 상위권을 구분 짓는 키포인트가 된다.

다시 한 번 강조하지만 사교육은 '필요하면 하는 것'이다. 하지만 대다수의 엄마들이 필요한지 아닌지조차 모르는 것이 문제 아닐까? 아이에게 학원이 필요한 이유, 학원을 통해 아이가 얻고자 하는 것, 이 질문에 대한 답이 구체적으로 정해져 있다면 그 사교육은 크게 실패하지 않는다.

그러나 '다른 아이들도 다 다니니까', '2학년 때는 여길 가고 3학년 때는 저길 가라고 했으니까', '이 학원 톱 반에 들어가야 인정받으니까' 등의 이유로 학원을 선택한다면 아이만 힘들고, 아까운 사교육비만 날리는 꼴이 될 것이다.

제대로 고민하고 제대로 선택해서 아이의 보이지 않는 실력과 역량을 키우는 데 시간과 비용을 쓰길 바란다.

슬기로운 학원 선택법

사교육에 관심 없는 부모들조차 학원을 고민해야 하는 순간이 온다. 아이 입에서 "엄마, 나 학원 보내주세요"라고 요청하는 경우다. '어이구, 우리 아이가 드디어 공부를 하겠다는구나!'라는 생각에 감격스러울 수 있다. 그러나 엄마의 마음과는 다르게 일부 아이들은 학원을 놀이터처럼 다니기도 한다. 친구가 다니니까, 놀이터에 아무도 없으니까 나도 이제 친구들이 있는 학원으로 가야겠다고 생각하는 것이다.

또 다른 이유는 엄마다. 어릴 때는 엄마와 함께 있는 게 좋아서 집에서 엄마와 꼭 붙어 공부했는데 학년이 높아지고 머리가 커지니 엄마도 마음에 안 들고, 엄마랑 공부하는 것은 더 싫다. 게다가 엄마가 못한다고 야단까지 치니 괴로워서 학원으로 가겠다는 뜻이다. 슬퍼하지 말자, 아이들은 엄마의 품을 떠나 독립을 선언하는 것이다.

동기가 무엇이든 학원 한 군데를 등록하는 것은 아이와 엄마에겐 큰 결정이다. 집에 돈이 많고 적고를 떠나 교습비를 매달 지출한다는 것은 큰 비용을 쓰는 것이다. 덜컥 "그래, 네 맘대로 해" 하고 대충 결정하고, 불필요하게 학원을 이리저리 옮기는 것은 아이 교육에도 도움이 되지 않는다. 아이도 엄마도 신중하고 슬기롭게 학원을 선택하면 좋겠다.

과목을 정하면 주변에서 다양한 정보가 들어온다. '수학은 어디가 좋다더라', '영어는 어떤 선생님이 잘한다더라', '그 학원 톱 반에 들어가야 진짜 실력자라더라' 등의 이야기를 들으면 엄마 귀는 팔랑거리게 마련이다.

그러나 가장 좋은 선택법은 아이와 함께 직접 가보는 것이다. 학원을 선택하려면 먼저 발품을 팔자. 제일 유명한 학원, 지인 추천 학원, 엄마가 평소 봐둔 학원을 함께 가보는 것이다. 가급적이면 예약을 하고 가는 게 좋다. 그래야 품위 있게 원장님이나 실장님의 설명을 들을 수 있다. 프로그램도 알아보고, 강사진도 알아보고, 학원 시설도 확인하자. 공부 당사자인 아이가 마음에 들어해야 오래 다닐 수 있다. 엄마는 돈만 내는 사람이다.

일반적으로 큰 학원의 경우 프런트 직원이 따로 있고, 상담을 전담하는 실장이 있다. 자녀 교육 경험이 있는 직원이 엄마들을 대상으로 상담을 하는 것이다. 규모가 작은 학원의 경우엔 원장이 그 역할을 대신한다.

상담에서 주고받는 내용은 학교나 인적 사항에 대한 이야기도 하지만, 주로 아이의 실력을 체크하게 마련이다. 공부를 어느 정도 하는지, 진도가 어디까지 나갔는지 세세하게 물을 것이다. 아이 진도가 뒤처진다 싶으면 일부러 부정적으로 이야기하는 원장들도 있다. '여태 뭐 했느냐', '여기는 들어올 수 있는 반이 없다' 등의 이야기를 들으면 엄마는 당황할 수도 있지만 너무 주눅 들 필요는 없다. 어느 정도 아이의 실력이 가늠되면 레벨 테스트를 받고 반 배정을 받게 된다. 이때 엄마가 체크해야 하는 것은 학원 선생님들의 인격이다.

초등학교 고학년은 생각보다 학원에서 지내는 시간이 많다. 그만큼 학원은 아이에게 꽤 비중이 높은 사회적 공간이며 당연히 함께 지내는 학원 원장이나 강사에게 큰 영향을 받는다. 인품이 좋은 사람, 인성이 바른 사람, 좋은 생각과 좋은 언어 습관을 가진 사람을 만나야 아이의 인성 형성에도 도움이 된다. 이것은 생각보다 중요하니 상담 단계부터 꼭 유념하고 확인하길 바란다.

강남에서 교육 컨설팅을 하다 보면 유명 학원 톱 반에 목숨을 거는 엄마들을 자주 만나게 된다. 난이도 높은 레벨 테스트와 압도적인 선행으로 유명한 학원 이름을 이야기하며 아이가 그중 톱 반이라는 것을 공인 성적처럼 이야기하는 것이다. 그러나 학원의 테스트가 아이의 능력을 평가하는 수단이라고 보기는 어렵다. 물론 아이의 객관적 실력이라고 인식하는 것 또한 착각이다.

수학의 경우, 레벨 테스트를 통과할 실력이면 2년 정도의 선행(선행학습)은 끝난 상황일 것이다. 톱 반에 들어가면 선행에 가속도가 붙는다. 초등 고학년이 중학교 수학까지 진도가 나가는 것이다. 열심히 다니고 숙제를 하면 그날그날 배운 것은 기억할 수 있을지 모르나 여러 영역을 통합해 사고해야 하는 문제에서는 엎어지고 만다. 지나친 선행은 오히려 수학에 대한 자신감을 떨어뜨리고 자존감까지 꺾을 수 있다. 실제 유명 학원 톱 반을 다닌 아이가 1년이 지난 후 실력을 체크해보니 형편없는 경우를 정말 많이 봤다. 아이 수준에 맞는 반에서 자신감을 쌓고 짧은 기간에 상위 클래스로 올라가는 것이 좋은 전략이라고 생각한다.

만약 학원을 선택했다면 6개월 이상 다니기를 권한다. 그 정도 기간이 돼야 제대로 실력을 갖췄는지 평가가 가능해지기 때문이다.

엄마들이 간과하는 것이 한 가지 있다. 복습이다. 학원에 등록하고 아이가 열심히 다닌다고 해서 결코 실력이 저절로 늘지는 않는다. 두 시간 수업을 받고 돌아오면 10분~20분 정도는 집에서 그날 공부한 내용을 훑어봐야 한다. 그날 저녁을 넘기지 말아야 복습하는 데 걸리는 시간도 줄어들고 머리에 오래 기억된다.

특히 영어의 경우, 반드시 집에서 숙제를 봐주자. 복습이 습관이 되면 학습 효과가 커지고 빠른 기간 안에 상위 레벨로 올라가는 것도 가능해진다. 한 단계 한 단계 올라가는 것은 아이에게 공부의 기쁨을 선사한다.

하루에 너무 많은 학원을 가는 것은 추천하지 않는다. 학원에서 많은 시간을 보내면 복습할 물리적인 시간이 부족해지기 때문이다. 과도한 인풋이 정리되지 않으면 아까운 학원비만 날리는 꼴이다.

사교육비는 절대 만만한 지출이 아니다. 아이와 잘 이야기해서 좋은 학원을 신중하게 선택하고, 다니기로 결정했다면 규칙을 정해 복습과 과제를 철저히 할 수 있도록 도와주자. 제아무리 명성 높은 학원이라도 그 자체로는 의미가 없다. 내 아이가 발전할 때 그 가치가 빛나는 것이다.

유명한 선생님보다 내 아이에게 잘 맞는 선생님 찾기

'1타 강사'라는 말이 있다. 1990년대 입시 학원에서 가장 먼저 수강 신청 접수가 끝나는 강사를 뜻하다가 요즘은 온오프라인 할 것 없이 최고의 인기를 자랑하는 스타 강사를 말한다. 어느 분야나 마찬가지로 사교육 산업에서도 최고의 실력자는 존재한다. 실제로 수능에서 킬러 문제로 불리는 새로운 유형의 고난이도 문제는 상위권 학생들도 쩔쩔맨다. 이때 한 방에 속 시원하게 풀이해주는 명강사를 만나면 혼자 공부할 때에 비해 큰 도움이 된다.

당연히 엄마들 네트워크에서는 유명 학원과 1타 강사 명단이 확보돼 있고, 그 학원에 보내기 위해 안간힘을 쓴다.

유명 학원과 1타 강사들이 모여 있다는 대치동, 목동, 중계동, 분당, 일산 등 소문난 학원가 중에서도 최고로 손꼽히는 사교육의 메카는 단연 대치동이다. 사실 대치동은 사교육뿐 아니라 공교육 환경도 잘 갖춰져 있다. 학군지라는 말의 시초가 된 지역인 만큼 초등학교부터 고등학교까지 좋은 학교가 많다. 대치초등학교, 대곡초등학교, 대도초 등학교는 공부 잘하는 아이들이 전학 가고 싶은 학교로 손꼽히고, 대 청중과 휘문중, 숙명여중은 부모들이 꼭 보내고 싶어 하는 중학교다. 대입 실적이 뛰어난 휘문고, 단대부고, 숙명여고도 다 대치동에 있다.

명문 학교뿐 아니라 대치동에는 정말 많은 학원이 있다. 현재 강 남서초교육지원청 자료(2020년 7월 현재)에 의하면 관내 학원 수가 3658개소다. 미등록 기관, 개인 과외 등은 포함된 것이 아니다. 이 자 료만 봐도 얼마나 많은 사교육이 존재하는지 알 수 있다. 이제 대치동 학원가는 타 지역의 로망으로 불린다. 지방이나 타 지역에서 성공한 학원 원장들의 꿈이 대치동에 학원을 차리는 것이라고 하니 대치동 의 명성이 충분히 이해된다. 실제로 지방에 가보면 학원 간판에 '대치 동 출신 원장', '대치동 출신 강사'임을 내건 곳이 많다. 이제 대치동은 지역 이름이 아니라 하나의 사교육 브랜드가 되어 버렸다.
그런데 문제는 또 있다. 많은 학원이 있다 보니 오히려 선택이 어렵 다. 물건이 너무 많으면 소비자가 혼란스러운 것과 같은 이치다. 그래 서 사교육 머천다이저(MD, merchandiser)가 필요하다. 브랜드 MD가 소비자를 대신해 좋은 물건을 선택해 진열하듯 샤론코치가 여러분의 머천다이저가 되어 학원 선택에 관한 팁을 알려주겠다.

초등학생의 경우 학원 선택에서 중요하게 고려해야 할 요소 중 하나는 이동 거리다. 집과 학원과의 거리, 즉 등원 시간이 너무 길지 않은지, 아이 혼자 충분히 다닐 만한 거리인지 생각해봐야 한다. 학년이 올라갈수록 동네 학원에 만족하지 못하고 동네를 벗어나 멀리 떨어진 학원 밀집 지역, 더 나아가서는 대치동까지 알아보는 경우가 많다. 그런데 막상 다녀보면 알겠지만 생각보다 등원하는 데 시간과 에너지가 너무 많이 든다. 일단 길이 너무 막힌다. 아이들이 학원 수업을 듣는 시간과 끝나는 시간대가 비슷하기 때문에 밤 10시가 되면 대치동 거리는 마비가 된다. 아이들을 픽업하러 온 엄마들의 차로 인산인해를 이루는 것이다. 그만큼 힘들게 다니면서까지 얻는 것이 있을지는 진지하게 고민해봤으면 한다.

사실 대치동 사교육 시장의 과열된 마케팅에 휩쓸린 학부모들이 염려스러울 때가 많다. 특히 아직 어린 유아들과 초등 저학년부터 과도하게 공부 시키는 문화를 최근 너무나 당연하다는 듯 여기는데 과연 무엇을 위한 공부인지 꼭 생각해보면 좋겠다. 유아 때는 유명한 영어 유치원에 목을 매고, 초등학생이 되면 수학 선행학습에 몸을 내던지는 모습을 너무 많이 봐왔다. 너무 어렸을 때부터 공부에 힘을 빼면 정작 집중해서 에너지를 쏟아야 할 중학교, 고등학교에 가서 손을 놓아 버리는 경우가 많다. 억눌린 학창 시절에 대한 반발심이 쌓이면, 심한 경우 성인이 된 후에도 문제는 반드시 터진다.

현재 대치동과 대치동을 따라 하는 일부 지역에서 영어 유치원, KMO(한국수학올림피아드), 영재학교 합격의 성공을 마치 입시의 전부인 것처럼 강조하며 아이들을 과도한 경쟁으로 몰아넣고 있다. 하지만 이는 학원의 마케팅 전략이라는 것을 알아채길 바란다. 엄마가 먼저 현명하게 판단해 아이를 불행에 빠뜨리지 않고 소모적인 사교육비 지출도 막았으면 좋겠다.

연예인처럼 유명한 1타 강사도 좋지만 주변에 있는 동네 학원의 장점부터 파악해보면 어떨까? 잘 찾아보면 지역마다 좋은 선생님이 있다. 내 아이가 다니는 우리 학교에 대해 가장 잘 파악하고 있는 학원 강사는 다름 아닌 동네 학원 선생님들이다. 수년에 걸쳐 치러진 학교 시험 문제를 분석해 시험 경향과 문제 스타일을 꿰고 있기 때문이다. 학교 내신은 지역에서 하는 것이지 대치동 학원에서 준비하는 게 아니다.

또 우리 아이가 스스로 계획을 잘 짜서 실천하는 데 아무 어려움이 없다면 상관없지만, 그렇지 않을 경우 더더욱 학원의 관리가 필요하다. 공부를 좋아하지 않는 아이도 숙제를 해오도록, 수업에 집중하도록, 학습에 흥미를 가질 수 있도록 관리해주는 선생님이 내 아이에게는 1타 강사만큼 필요한 선생님이다. 요즘 학원은 수업과 관리 두 영역을 중시하는데 관리 측면은 소규모 학원이 유리하다.

가장 좋은 선생님은 아이에게 잘 맞는 선생님이다. 고 3 시험 준비 막바지 단계에서는 족집게 강사가 좋은 선생님이고, 기초가 없어 공부를 어떻게 해야 하는지 모르는 단계에서는 공부법부터 차근차근 알려주는 선생님이 제일 좋은 선생님이다. 선생님이 선행을 많이 시킨다고, 반복 학습을 잘 시킨다고 해서 우리 아이의 실력이 저절로 늘지 않는다. 좋은 선생님을 만나고 싶다면 내 아이의 현재 실력과 부족한 면이 무엇인지 파악하는 게 첫 번째가 돼야 한다. 그렇게 해서 좋은 선생님을 만났다면 6개월 이상 믿고 쭉 따라가보자.

교육 업계에서 일하는 사람들 중 일부 사기꾼 같은 사람도 있지만, 대부분의 선생님은 아이에게 관심도 많고 교육철학도 분명한 훌륭한 분들이 더 많다. 인품을 갖춘 좋은 사람에게 우리 아이가 영향을 받는다면 학습과 인격 모두 성장하는 기회가 될 것이다.

학원은 교육 서비스업

심사숙고해서 학원을 선택하고 등록을 마친 후 '원장님만 믿겠습니다', '선생님이 알아서 잘해주세요'라며 손 놓고 있을 것인가?

어떤 엄마는 아이의 수업 내용에 지대한 관심을 갖고 수시로 체크하며 뭔가 부족하다 싶으면 득달같이 학원에 연락을 한다. 또 어떤 엄마는 공부를 하는지 안 하는지 관심도 없고 등록할 때가 되면 아이에게 신용카드만 내준다. 가장 평범한 엄마는 매달 학원에 와서 직접 등록을 하는 엄마다. 학원에서는 어떤 엄마를 선호하고, 어떤 아이에게 조금이라도 신경을 더 쓸까?

학원 사업은 교육 서비스업이다. 특정 고객을 지정하지 않고 동일한 공산품을 만들어서 판매하는 제조업과는 업의 본질이 다르다. 서비스업의 본질은 소비자 만족이다. 소비자가 어떻게 하느냐에 따라 서비스의 질도 달라지고 만족도도 올라간다. 소비자의 '알아서 해주세요'만큼 무책임한 말은 없다고 생각한다.

내 아이가 열심히 다니고 있는지, 수업은 제대로 하고 있는지, 학원을 등록한 만큼의 효과를 내고 있는지 궁금하다면? 방법은 간단하다. 학원에 직접 물어보는 것이다.

실제로 대치동을 비롯해 전국적으로 학원을 운영하는 원장님들은 엄마들에게 학원에 자주 와서 잠깐씩이라도 상담하기를 권한다. 아이를 관리하는 선생님에게 아이의 학업 상태에 대해 의논하는 것을 학원에서 당연히 해야 할 의무로 보는 것이다.

내 아이에게 관심이 없어서 이름을 들어도 누구인지 잘 모르는 강사도 있을 수 있다. 그러나 대부분의 학원 선생님은 아이 성적에 관한 히스토리를 가지고 있고 학업 태도나 성취도, 그리고 앞으로 도와줘야 할 방향에 대한 데이터를 갖춘 전문가다. 그렇기 때문에 학부모가 원할 때 관련된 부분을 공유하고 의논하는 것은 이상한 일이 아니다. 학원에 따라서 미리 예약이 필요한 경우도 있으므로 사전에 전화로 어떤 강사님을 만나고 싶다고 청하고 시간 약속을 잡으면 된다. 아이가 수업은 잘 따라가는지, 어려워하는 단원은 없는지, 그리고 집에서 보완하거나 도울 점은 없는지, 정중하게 의논하면 100퍼센트 도와주실 것이다. 그리고 사람 마음은 신경이 쓰이는 쪽으로 더 가게 마련이다. 엄마가 관심을 가지고 지켜보고 있다는 것을 알게 되면 아이를 대하는 태도도 달라지지 않겠는가?

물론 아이의 성적이 낮다고 해서 학부모를 무시하거나 유명세만 믿고 불친절하게 구는 학원도 있다. 고민할 필요가 없다. 그런 학원은 안 가면 된다. 과거에는 많은 학원이 일부러 고압적인 태도를 취했다. 학부모와 아이를 불안하게 만들어서 학원 등록을 유도하는 마케팅 수단이었다. 그러나 최근에는 학원도 많이 바뀌었다. 교육 서비스업으로서 고객을 위해 최대한 좋은 서비스를 제공하기 위해 노력하고 있으니 현명하게 이용하는 것이 소비자의 권리라고 생각한다.

물론 소비자의 권리를 권력으로 오해해서 '갑질'하는 행동은 삼가야 한다. 어느 업종이나 마찬가지로 학원에서도 학부모 블랙리스트가 존재한다. 특히 학원 교습비를 가지고 장난치는 엄마들이 꽤 많다. 어떤 사업이든 운영하는 데에는 돈이 든다. 학원 강사 월급뿐 아니라 임대료, 전기세 등 온갖 경상비가 들어간다. 이런 기준에 맞춰 소비자도 사업자도 합당하게 생각할 수 있는 적정 수준으로 책정한 것이 교습비이고 기본적인 원칙이 정해져 있다.

그러나 큰돈도 아닌 몇 만 원 아끼겠다고 온갖 애를 쓰는 엄마들이 있다는 게 문제다. 등록 날짜를 교묘하게 조정해서 12개월 교습비를 11개월 치만 내려고 한다거나 분명히 수업을 듣고도 듣지 않았다며 환불을 요구하는 엄마도 있다.

사실 이런 사람들을 가장 잘 알고 많이 상대해본 사람이 학원 원장들이다. 학원마다 각 사례별 대응 매뉴얼 또한 갖고 있다. 학원 입장에서는 다 알면서도 서비스업에 누가 될까봐 환불 처리를 해주기도 하는데 그 돈을 받았다고 승리감에 취해서는 안 된다. 엄마가 문제를 일으키면 그 피해는 고스란히 아이에게 돌아가게 돼 있다.

학원도, 학부모도, 학생도 서로 지켜야 할 선이 있다. 학원은 교습비에 준하는 양질의 교육을 학생에게 제공해야 하고, 학부모는 서비스가 제대로 이뤄지는지 확인하고 관심을 가져야 한다. 학생도 이 공부에 들어가는 비용이 얼마인지 제대로 알고 그만큼은 배우도록 노력해야 할 것이다.

좋은 교육철학을 바탕으로 오랫동안 잘 운영해온 학원을 방문하면 학부모와 학생들이 선물한 감사의 뜻을 담은 화분들이 늘어서 있는 것을 볼 수 있다. 학부모는 선생님 덕분에 아이가 잘되어서 고맙고, 학원은 좋은 학생 덕분에 발전해서 서로가 고맙다고 한다. 필요한 시기에 서로 원하는 것을 주고받는 것은 좋은 인연이라고 생각한다.

사교육에 돈을 많이 쓰지 말자는 게 나의 지론이다. 그러나 필요하다면 써야 한다. 사교육을 맹신할 것도 아니고, 모든 아이를 불행으로 몰고 가는 것처럼 죄악시할 것도 아니다. 무엇이든 잘 판단해서 이용하면 된다. 아이의 미래는 다른 누구를 탓할 것도 아니다. 가장 많이 고민하고 가장 좋은 선택을 해야 할 사람은 바로 엄마다.

학원 선생님에게 중요한 건 인품

대치동 거리를 걷다 보면 건물마다 빈틈없이 빽빽하게 들어찬 학원 간판들이 눈에 들어온다. 몇 년 전까지만 해도 다른 상점이었던 자리에 새로운 학원이 들어서기도 하고, 일반 주택이던 건물이 어느새 통째 학원 간판으로 가득 차 있는 경우도 있다. 늦은 밤에도 환히 불이 켜진 학원 거리를 보면 여러 생각이 든다.

지나친 사교육이 공교육의 권위를 무너뜨린다고 우려하는 목소리도 있고, 학부모들의 불안감을 노리고 호황을 누리는 학원 사업을 비난하는 여론도 있다. 어쨌든 불 켜진 방 한 칸 한 칸마다 책상 앞에는 피곤과 싸우며 공부하려는 아이들이 있고, 또 그 아이들을 가르치는 선생님들이 계신다. 대한민국에서 입시라는 골인 지점을 향해 누군가는 가르치고 누군가는 배운다. 누군가에게는 인생의 어느 지점에서 목표를 향해 서로 치열하게 노력하는 시간일 것이다. 쉽지 않겠지만 그 노력을 통해 긍정적인 성장이 이뤄지길 마음속으로 응원한다.

초등 고학년부터 중학생까지는 사실 학교 선생님만큼, 아니 어쩌면 그보다 더 영향을 받는 존재가 학원 선생님이다. 그래서 나는 좋은 학원을 골라 달라는 엄마들의 요청이 들어올 때마다 강사의 인품을 먼저 체크하라는 말을 빼놓지 않는다.

학원 강사라는 직업이 어떻게 보면 화려하고 근사해 보이지만 사실 생각처럼 편안한 직업은 아니다. 실력이 곧 연봉인 만큼 잘나가는 인기 강사의 경우 수입은 우리가 생각하는 것 이상이다. 물론 수입이 천차만별이다 보니 벌이가 시원찮은 선생님도 많다. 많이 번다고 해서 모든 일이 행복한 것은 아니다. 아직까지 우리나라 학원의 업무 환경이나 복지는 열악한 수준이기 때문이다.

대부분의 학원 선생님이 김밥으로 끼니를 때운다. 학생이 많고 바쁠수록 편안하게 식사할 수 있는 시간도, 공간도 없기 때문이다. 협소한 공간에서 철저하게 개인플레이를 하는 업무이기 때문에 선생님들끼리 서로 교류하거나 친목을 다지는 일은 상상하기 힘들다. 내신 시험이나 경시대회가 껴 있는 기간의 학원은 전쟁터나 다름없다. 인기 강사들은 몸이 아파도 편하게 휴가를 낼 수 조차 없다. 아이의 시험 앞에 발을 동동 구르는 학부모들이 절대 가만히 내버려두지 않기 때문이다. 당연히 긴 여행은 꿈도 못 꾸고 명절 때도 특강 때문에 가족을 만나지 못하는 경우가 부지기수다.

돈을 많이 벌어도 돈을 쓸 시간이 없으니, 명품으로 치장을 하거나 비싼 수입차를 끌면서 위안을 삼는 강사들도 있다. 돈이 있으나 없으나 행복하기란 쉽지 않다. 인간적으로 이해도 되고 안타깝기도 하다.

주의해야 할 점은 선생님들이 평소 생각하는 가치관이나 사고방식이 수업 시간에 고스란히 아이들에게 전달된다는 것이다. 인강(인터넷 강의)을 통해서 본인 소유의 차가 몇 대인지, 무슨 명품을 갖고 있는지 자랑하는 강사들도 더러 있다. 대상이 성인이면 모르겠지만 아직 어린 청소년의 경우엔 부와 물질에 대한 잘못된 가치관이 자리 잡을 수 있어 염려가 되는 부분이다.

예전에 이런 일도 있었다. 컴퓨터 앞에 앉아 인강을 듣던 아들이 계속 두 배속으로 수업 영상을 돌리는 것이었다. 왜 제대로 안 듣고 빠르게 돌리느냐고 물었더니 아들의 말이 기가 막혔다. "엄마, 이 선생님 수업은 반 이상이 자기 자랑이야."

수업 내내 교육적이지 못한 말들을 늘어놓으니 참다못해 불필요한 부분을 건너뛴 것이었다. 다행히 그 당시 아들은 그것을 분별할 만한 나이와 상황이었지만 사실 그보다 어린아이들은 잘 모른다. 그저 수업 내내 우스갯소리로 키득거리거나 욕설을 섞어 주의를 끌거나, 분필을 던지고 교탁 위에 올라서는 등 눈에 띄는 퍼포먼스를 하는 선생님을 '재미있다, 웃기다, 수업에 집중이 잘된다'라고 생각하며 따른다. 아이들 앞에서 해괴한 행동을 하는 강사들은 생각보다 많다. 감정 조절을 못해 갑작스럽게 화를 내기도 하고, 자기 수업 시간에 다른 강사를 험담하기도 한다. 극단적으로는 성추행과 같은 사회적 물의를 일으키는 경우도 있다. 물론 이런 수업의 경우 핵심이 없으니 점수도 오르지 않지만 인성이 형성되는 중요한 시기에 인격적으로 피폐해질 것을 생각하면 등골이 오싹해질 정도다.

아이가 만나는 학원 선생님이 건강한 멘탈을 가진 사람인지, 좋은 수업 태도로 아이에게 선한 영향력을 미치는지 엄마가 관심을 갖고 지켜볼 필요가 있다. 아이와 대화를 나누며 체크하거나 학원 원장님에게 물어보는 것도 방법이다. 그러려면 원장님의 인품 또한 먼저 확인해야 할 것이다. 한 지역만 해도 너무나 많은 학원이 있고, 그 안에는 영리를 목적으로 학부모의 주머니만 노리는 학원들도 있다. 몇몇 원장들은 시행되지도 않은 입시 제도를 미리 알고 있다면서 특별반을 신설해 운영하기도 하고, 학원법에 위반되는 고액으로 입시 컨설팅을 하는 등 교육철학 없이 행동하는 사람들도 많다. 그렇기 때문에 엄마가 가장 먼저 입시 요강을 잘 알고 있어야 하며 학원을 선택하기 전에 원장님부터 직접 만나서 상담할 필요가 있다는 것이다.

안 좋은 예를 주로 들긴 했지만, 모든 학원 원장과 강사들이 비뚤어진 생각을 갖고 있는 것은 아니다. 공교육이든 사교육이든 교육이 이뤄지는 현장에는 정말 좋은 선생님들이 많다.

일단 초·중·고등학생을 대상으로 한 학원 강사는 아이들에게 관심이 많고 좋아하는 사람들이 선택하는 직업이며, 해당 분야의 전문가로서 공부의 시작부터 마무리까지 꼼꼼하게 연구한다. 한 시간짜리 강의가 있다면 두세 시간 전에 미리 준비하고 유인물, 교재 제작 등 수고로운 작업 또한 일상적으로 해내는 모습을 많이 봤다.

교육에 대한 열정과 철학으로 바른 경영을 하는 원장님들 역시 주변에서 쉽게 찾아볼 수 있다. 열정이 있는 사람, 실력이 있는 사람을 만나는 것은 단순한 행운이 아닐 것이다. 그런 사람을 알아볼 수 있는 혜안과 찾기 위한 노력이 수반돼야 한다. 비싼 교습비가 아이의 미래를 책임져주지는 않는다. 무엇보다 엄마의 판단이 가장 중요하다.

SNS 시대,
온라인 관계

눈에 보이지도 않는 작은 바이러스가 세상의 많은 것을 바꿔놓았다. 세계경제와 산업의 구조부터 작게는 당연하게 여겨온 우리의 일상까지……. 비대면과 온라인 환경은 생활 깊숙이 파고들었고 이에 익숙하지 않은 엄마들은 더욱 힘들고 지친다. 이 변화는 자연스러운 흐름이며 예정된 수순이었다. 단지, 코로나19로 인해 급물살을 탔을 뿐. 일상이 파괴되고 디지털 기술이 낯설어 엄마들의 피로도는 높아졌지만 이제 유연한 자세로 이 흐름에 몸을 맡겨야 할 때다.

하루 34시간, 진짜 해피타임은 지금부터다

코로나19 여파가 길어지고 있다. 여기저기에서 피해가 컸지만 가정에서의 비명도 만만찮다. 아이들과 종일 집에 콕 박혀서 삼시 세끼를 책임지는 엄마들의 멘탈은 이미 견딜 수 있는 한계점을 넘어선 지 오래다. 게다가 온라인 수업이 시작되면서 뭐부터 어떻게 해야 할지 머릿속은 복잡하고 몸은 바빠 허둥대기 일쑤다. 전 세계가 동일하게 처한 위기 상황이며 이 시대가 겪고 있는 우울의 단면이다. 가장 작은 공동체인 가정을 맡고 있는 엄마들은 이 큰 변화 앞에 무기력하기만 하다.

　백신이 개발된다고 해도 상용화까지는 적잖은 시간이 필요하다. 게다가 지금처럼 온오프라인이 공존하는 현상은 바이러스 퇴치 이후에도 지속될 것으로 보인다. 계속 한숨만 쉬며 투정을 할 것인가, 아니면 이 흐름에 맞게 가정과 나를 세팅할 것인가.

　모두가 처음 경험하는 시대다. 언택트 시대라고 하고, 비대면 시대라고도 말한다. 이를 대하는 사람들의 생각은 나뉘는 것 같다. 누군가는 조급하고 바쁘지만 다른 누군가는 시간이 많아졌다고 느낀다. 실제 시간은 하루 24시간이지만 그것을 활용하기에 따라 얼마든지 다르게 느낄 수 있다. 나는 결과적으로 우리가 활용할 수 있는 시간이 늘어났다고 생각하는 편이다.

　불과 몇 개월 전만 해도 직장인들은 출근 준비에만 거의 한 시간을 소모하고 출퇴근에 두 시간 이상을 썼다. 회사 안에서는 싫어도 어울려야 하는 접대의 시간, 불필요한 회의 시간, 억지로 끌려간 회식 시간 등 소통이나 관계를 위해 소모하는 물리적인 시간이 있었다. 그런 시간이 이번 코로나 사태로 인해 대폭 축소되거나 아예 사라졌다. 단순 계산만 해보더라도 거의 10시간 정도를 벌었다고 볼 수 있다.

　일상에서도 마찬가지. 공연, 전시, 활동 등 많은 것들이 축소되면서 다른 사람들을 흉내 내기 위해 집 밖으로 나갔던 '허세 나들이'가 걸러졌다. 신작 영화를 보기 위해 일부러 극장을 찾고, 사람들과 어울리기 위해 인기 콘서트를 관람하러 줄을 서는 행위들이 꼭 필요한 것들을 제외하고는 사라지면서 온전히 나만을 위한 시간이 많아진 것이다. 다른 자극과 떨어져 나에게 꼭 필요한 공부를 하거나 정말 하고 싶던 취미를 이어가는 데 쓸 수 있게 됐다.

엄마들은 어떨까? 아마 많은 엄마가 아이를 학교나 기관에 보낸 후 집에서 혼자 보내는 시간을 하루 중 가장 달콤한 시간으로 생각했으리라. 그러나 지금은 아이들이 나가질 않으니 행복할 틈이 없다고 하소연한다.

엄마들이 힘들어하는 가장 큰 이유는 바로 나만의 해피타임이 없어졌기 때문일 것이다. 늘어난 집안일도 힘들지만, 그보다 더 힘든 건 일상의 쉼표가 사라졌다는 답답함이 아닐까? 단지 하루에 한 시간 내지 두 시간밖에 되지 않더라도 내가 정말 좋아하는 일을 한다는 것은 존재가 숨을 쉬는 절실한 시간이다. 그렇기 때문에 묘안이 필요하다. 아이와 함께 있으면서도 엄마가 독립할 수 있는 시간을 찾거나 창조해야 한다. 그 시간이 바로 건강을 위한 시간, 성숙을 위한 시간이기 때문이다.

기존의 해피타임(part 5 참조)은 아이와 엄마가 별도의 시간을 갖는 것이다. 아이가 숙제가 아닌 자기가 좋아하는 일을 즐길 수 있도록 하루에 한두 시간을 오롯이 행복하게 만들어주는 것. 그것이 바로 아이의 해피타임이라면, 엄마의 해피타임(part 8 참조)은 아이가 잠든 이후 육퇴(육아 퇴근)와 함께 혼자만의 시간을 갖는 것이다. 하지만 이제는 둘의 해피타임이 한 공간에서 동시에 일어나야 한다.

같은 시간대에 아이와 엄마의 행복한 일이 병렬적으로 진행될 수 있게 약속을 하고 계획을 짜보자. 당연히 시간 관리도 중요하고 무엇을 할지도 중요하다. 무엇보다 염두에 둬야 할 것은 아이가 엄마의 해피타임을 지켜본다는 것이다.

'우리 엄마는 자신에게 맡겨진 자유 시간을 어떻게 즐길까?' 같은 공간에서 아이는 유심히 바라보고 배운다. 아이가 바라보는 엄마의 해피타임이 시간을 활용하는 모습, 공부하는 모습, 모범적인 모습이라면 더할 나위 없을 것이다.

생각하고 계획하고, 작은 것부터 바꿔보자. 언택트 시대, 불필요한 연결은 제거되고 알짜배기 시간은 늘어났다. 24시간을 34시간으로 쓰는 방법은 당신의 고민과 실천에 달려 있다.

스마트폰을 손에 든 학부모들

초등학생 자녀를 둔 학부모가 스마트폰 없이 생활한다는 게 어려운 세상이 됐다. 학부모들은 메신저 단톡방에서 정보를 나누고, 담임 선생님은 알림장 앱을 통해 준비물과 공지 사항을 전달한다. 가정통신문이나 손 편지처럼 선생님과 학부모 사이를 오가던 종이가 사라지고 텍스트 메시지가 그 자리를 대신하고 있다. 많은 초등학교 선생님들이 유튜브에 직접 출연해 학교생활 잘하는 법을 설명하고, 인스타그램에서는 평소 만나기 힘든 자녀 교육 전문가가 라이브로 소통하며 강의를 한다.

불과 몇 년 전만 해도 중요한 내용은 전화 통화로 이야기하고 어른에게 문자로 연락하는 건 예의 없는 행동이라 여겼다. 오히려 문자로 통화가 가능한지 묻는 것이 에티켓으로 여겨지는 지금과 견줘보면 마치 까마득한 옛날 일처럼 느껴진다. 텍스트 메시지에 익숙한 아이들은 마주 보고 앉아서도 메신저로 대화하며 키득거린다고 하니, 어느덧 직접 눈을 보고 말하는 것이 어색한 시대가 돼버린 것 같다.

매체가 변화하면서 메시지의 내용도 달라지고 있다. 과거 텍스트 메시지는 간략하게 요약한 짧은 내용을 주로 다뤘다. 일정 글자 수를 넘으면 별도로 요금이 책정되기도 했다. 길고 복잡한 이야기는 문자보다는 음성 통화에 어울린다고 인식했기 때문이다. 그러나 오늘날의 텍스트 메시지는 단문이 아니라 장문 형태로 쏟아진다.

커진 휴대폰 화면만큼 20줄가량의 긴 텍스트가 한 화면에 담기고, 사용자는 짧은 시간 안에 그 내용을 인식해야 한다. 가독성도 중요하지만 문해력도 중요하다. 이미지와 글로 소통하는 시대에는 쓰는 사람도 더 잘 써야 하고, 읽는 사람도 정확하게 내용을 파악할 줄 알아야 하는 것이다.

그렇다면 우리 엄마들은 어떨까? 온라인 생활에 맞춰 변화를 빠르게 받아들이고 있을까? 최근 온라인 강의를 진행하며 수강 신청자들에게 공지를 보낼 이메일 주소를 수집한 적이 있다. 수업을 듣는 엄마들의 85퍼센트가 네이버 메일을 사용하고 있었다. 주로 익숙하게 사용하는 포털 사이트의 메일 계정을 사용하게 마련이지만 나는 엄마들에게 지메일(gmail) 계정 하나 정도는 만들라고 권하고 싶다. 어느 사이트에서 어떤 방식으로 정보를 검색하느냐에 따라 엄마들의 역량도 갈리기 때문이다. 네이버에서만 필요한 것을 찾는 엄마, 익숙하게 구글을 열어 검색하는 엄마, 한글뿐 아니라 영어로도 자유자재로 검색하는 엄마. 이 셋의 결과물은 속도와 양, 그리고 질적인 면에서 확연한 차이를 드러낸다.

SNS도 마찬가지. 누군가는 이미 인스타그램을 이용해 저만의 비즈니스를 시작했다. 본인의 일상과 자녀의 성장을 기록하면서 수익을 내는 엄마들도 꽤 있지만 SNS가 불필요하거나 취향이 맞지 않는다는 이유로 계정조차 만들지 않은 엄마들도 적잖다. 그 의견도 충분히 존중하지만 그래도 가장 많은 사람들이 활용하는 채널은 계정 한 개 정도는 만들라고 말해주고 싶다. 필요한 순간은 언제든 찾아온다. 그 때를 위해 매체와 친숙해질 필요가 있다.

내가 정리한 우리 집 냉장고는 어디에 어떤 반찬을 넣어 놓았는지 필요한 순간에 바로 찾을 수 있다. 하지만 누군가가 대신 정리한 경우엔 간단한 것도 찾으려면 한참이 걸린다. 사람의 뇌 구조도 이처럼 익숙한 것을 중심으로 시스템화 되게 마련이다. SNS를 이용해 이익을 얻고 싶다면 먼저 친해지는 것이 순서다.

최근 인스타그램에서 다른 사람이 쓴 피드를 공유하는 법을 배웠다. 네이버나 카카오톡에서는 공유 버튼을 누르거나 인터넷 주소 복사 붙이기 기능을 활용했지만, 인스타그램의 경우엔 '리그램'이라는 앱부터 설치해야 했다. 같은 기능이라도 매체마다 사고와 시스템이 다른 셈이다. 그리고 그 매체를 잘 활용하기 위해서는 기존에 내가 알던 것과 다르더라도 새 시스템을 익히고 따라야 한다는 것을 새삼 느끼게 됐다. 몇 번 해보고 나니 지금은 아주 익숙하게 리그램해 정보를 공유하곤 한다.

글로벌 시대에서 세계의 아이템을 선도하는 이들과 비슷한 생각을 갖기 위해서는 무엇부터 해야 할까? 가장 쉽고 빠르게 할 수 있는 행동은 일단 소비자가 되어 접근하는 것이다. 시대는 지속적으로 바뀌고 유행하는 매체도 변화한다. 그때마다 겁내지 말고 새로운 것에 접촉해보면 좋겠다. 처음부터 '난 필요 없어'라고 생각해서 손도 대지 않는다면 소중한 기회를 잃을 수도 있다. 10번의 시도 끝에 3번 만 제대로 맞아도 3할 타자가 된다. 그 정도면 강타자 아닐까?

아이들에게도 마찬가지. 어린아이들이 너무 일찍부터 디지털 문명에 잠식되는 것을 부정적으로 여겨 컴퓨터나 스마트폰 사용을 일절 금지시킨 부모들이 적잖았다. 공부에 방해된다고 모든 스마트 기기를 차단하기 때문이다. 하지만 난데없는 코로나 사태로 온라인 수업이 시작되자 기기를 다뤄보지 않은 아이들은 혼란스러워졌다. 한 반 안에는 능숙하게 필요한 정보를 검색할 줄 아는 아이도 있지만 본인 아이디가 무엇인지 모르는 아이, 컴퓨터 부팅조차 못 하는 아이도 꽤 있었던 것이다. 별것 아니라고 여겨졌던 그 차이가 결국 학업 격차로 나타나고 있다. 모르는 건 배우면 그만이지만 자칫 부모가 디지털 기기 자체가 유해하다고 가르치는 바람에 아이가 문명의 이기를 거부할까 봐 염려스럽기는 하다. 그 자체에 윤리적 가치를 두는 것은 옳지 않다. 어떻게 쓰느냐에 따라 독이 될 수도 있고, 약이 될 수도 있기 때문이다.

  연필로 바르게 글씨 쓰는 법을 알려주듯, 엑셀과 파워포인트를 다루는 방법도 알려줄 필요가 있다고 생각한다. 연필을 잡는 바른 자세를 알려주는 것처럼 온라인 에티켓과 개인 정보의 중요성도 함께 교육해야 할 것이다. 디지털 시대의 주인이 되려면 그것을 사용할 줄 알아야 한다. 이제 엄마의 스마트폰 알림장 앱에 새로운 메시지가 오면 제일 먼저 아이와 읽어보자. 무엇이 왜 필요한지 아이와 함께 확인하고 중요 포인트에 대해 서로 이야기도 해보면 좋을 것이다.
  모두가 손에 스마트폰을 들고 있지만 활용 정도는 저마다 다르다. 시대의 흐름을 막을 수 없다면 조금 앞선 위치에서 조율해보는 건 어떨까?

가상과 현실 구분하기

  현재 엄마들이 가장 많이 애용하는 SNS 채널은 무엇일까? 대세는 아마도 인스타그램일 것이다. 한때 블로그나 페이스북, 트위터, 카카오스토리까지 많은 채널과 앱이 모바일 세상 속 유행을 선도했다면 지금은 인스타그램이 가장 대중적이고 보편적인 SNS로 자리를 잡았다고 봐도 과언이 아니다. 기업이나 연예인들도 많이 사용하는 감각적 마케팅 수단이기도 하다.

텍스트보다는 사진 이미지를 기반으로 소통하고 그만큼 제공하는 필터도 다양하다. 아마도 인스타그램 유저라면 적당히 지저분하고 어느 정도 정신없는 실제 자신의 모습을 그대로 올리는 사람은 거의 없을 것이다. 테이블에 올린 커피잔을 찍더라도 주변에 쓰레기가 안 보이게 프레임 밖으로 치우고, 셀카 한 장을 찍어도 보정에 보정을 거친다. 요즘 스마트폰은 자체 보정 기능이 있어서 막 찍어도 실물보다는 멋지게 나오는데 거기에 화장을 더하고 얼굴형까지 고쳐주는 각종 뷰티 앱의 기술까지 적용하면 현실과는 아예 다른 얼굴이 된다.

음식도 마찬가지다. 실제 생긴 것과 맛은 솔직히 큰 관련이 없다. 요즘 줄 서서 먹는다는 인기 있는 식당들은 음식 맛보다 인테리어에 더 신경을 쓴다. 사진 찍히기 좋은 포토 존을 만들고 내부를 화려하게 꾸민다. 일명 '인스타용'으로 세팅을 맞춘 것이다. 그렇다, 당신이 보고 있는 SNS 화면 속 그 사진은 모두 연출이다.

실제와 다르다는 것을 머리로는 알고 있다. 그러나 마음은 영 그렇지 않다. 연출이라는 걸 알면서도 부러움이 생기는 건 어쩔 수 없다. 제대로 빗지도 않은 머리로 집에 틀어박혀 있는 내 모습과 해외여행지에서 명품 가방을 멘 채 환하게 웃고 있는 친구의 모습은 비교가 된다. 그리고 그 순수한 부러움은 누군가를 겨냥한 원망이 된다. 우리 남편은 왜 좋은 데 한 번 안 데려가는 걸까, 우리 시댁은 왜 돈을 주지 않는 걸까, 우리 애는 왜 이 모양일까.

늦은 새벽 스마트폰을 보며 부러움, 비교, 원망, 자기 비하까지 이어지는 이 감정의 코스는 SNS가 몰고온 신종 정신질환이라고 봐도 무방하다.

원래 사람들은 평소 잘 하지 않던 것을 어쩌다 한 번 했을 때 사진을 찍어 올린다. 누군가가 공유한 일상은 진짜 일상이 아닌 편집된 현실이다. 내가 갖지 못한 것을 남이 가졌을 때 부러움이란 감정은 자연스럽게 따라온다. 문제는 굳이 내가 가질 필요가 없는 것까지 부러워하며 박탈감을 느끼고 스스로 자존감을 떨어뜨리는 행위다. 그 물건이 없더라도, 그 모습대로 살지 못하더라도, 내가 사진 속 누군가보다 못난 사람은 절대 아니다.

SNS는 100퍼센트 리얼 라이프가 아니다. 머리로는 알고 있지만 가슴이 아파한다. 그리고 리얼 10 퍼센트의 내 삶이 초라하고 싫어진다. 어쩌다 한 번 간 여행지 사진이 내 눈에는 매일 휴양지에서 사는 것처럼 보이고, 어쩌다 한 번 먹은 스테이크가 '그 집은 매일 저녁 레스토랑에서 식사를 하는구나'라고 착각하게 만든다.

요즘 SNS는 '자랑질'에서 벗어나 '마케팅'이 대부분이다. 최근에는 유명 유튜버들이 '내돈내산(내 돈 주고 내가 산)'이라며 입고 들고 칭찬한 물건들이 사실은 광고였다는 게 밝혀져 물의를 빚었다. 인플루언

서와 동질감을 느끼고 그들의 안목과 선택을 신뢰해 물건을 구입한 사람들은 배신감까지 느꼈다고 한다. 세상에 공짜는 없는 법이다. 유튜브를 찍고 편집해 올리는 시간과 정성에는 그에 필적할 만한 경제적 보상이 주어졌기에 가능한 것이었다. 문제는 정확한 스폰서 정보를 명시하지 않은 그들의 잘못이다.

너무 순수할 필요는 없다. 가상과 현실을 구분해 통찰하는 것은 이 시대를 살아가는 삶의 지혜다. 혹시 책 육아에 열을 올리는 엄마들을 보고 우리 집도 거실 전체를 도서관으로 꾸미지는 않았는가? 책을 보다가 쓰러져 잠든 아이 사진에 자극받아서 억지로 책을 들이밀지는 않는지 생각해보자. 혹시 그 집이 촬영용은 아닌지, 아이가 진짜 책을 읽다가 잠들었는지 한 번쯤 의심해봐야 하지 않을까? 의심스럽지 않다면 '잠은 침대에서 자야지. 편하게 잠들어야 키가 쑥쑥 자라지'라고 비판해야 하지 않을까?

SNS는 연출이며 환상이다. 우리가 사는 모습과는 다르다. 이 점을 빨리 알아챈다면 우리 마음이 조금은 편할 것이다. 세수 안 한 내 얼굴, 식탁 위에 널린 과자 봉투, 빨래통에 가득 찬 빨랫감…… 이게 우리가 사는 리얼 라이프다. 한 아이는 책 읽기 싫다고 징징거리고, 한 아이는 배고프다고 고기를 구워 달라고 하는 것이 삶이고 리얼이다. 현실에서는 '뽀샵'이 없다, '쌩얼'만 있을 뿐이다. 혹시 아는가? 쌩얼이 얼마나 편한지? 뽀샵 처리 안 된 지금의 이 편안함을, 있는 그대로의 우리 모습을 사랑하자. 충분히 괜찮은 내 삶을 직면하는 것, 그게 행복이고 자존감이다.

맘 카페의 이모저모

육아가 서툴고 어려운 엄마들이 가장 편안하게 기대는 네트워크는 아무래도 맘 카페일 것이다. 살림, 육아, 지역 정보를 공유하기 위해 만들어진 카페로 대부분 네이버나 다음을 기반으로 활동한다. 지역마다 대규모 맘 카페가 운영 중이고 주요하게 다루는 주제도 조금씩 다르다. 한 사람당 적어도 서너 개의 맘 카페에 가입해 활동하는 경우가 많다.

맘 카페 안에서는 다양한 이야기가 오간다. 아이가 갑자기 아플 때 증상을 사진으로 찍어 올리기만 해도 선배 엄마들이 실시간 댓글로 의사보다 더 빠르게 진단해주고, 가깝고 친절한 병원까지 추천해준다. 살림살이를 살까 말까 하는 소소한 질문에 서로 대답해주기도 하고 신변잡기적인 일상의 고민을 털어놓기도 한다. 중고물품 거래가 이뤄지거나 공동 구매라는 '득템'의 기회도 얻는다. 같은 시기에 같은 문제를 겪고 있는 동료 엄마들의 응원과 공감은 힘이 되고 심리적으로 든든한 버팀목이 돼준다. 그래서인지 맘 카페에는 늦은 밤, 피곤한 눈을 비비며 댓글을 확인하고 정보를 나누며 일상을 공유하는 열성 회원들이 많다.

엄마들은 아이를 키우다 보면 궁금한 점이 많아진다. 그렇다고 매번 친정엄마를 찾을 수도 없고 마땅히 누구에게 물어볼 사람이 없다. 그럴 때 맘 카페 선배 맘들의 조언은 고맙고 또 고맙다. 그러나 때로는 선배 맘의 조언이나 솔루션이 위험(?)할 수도 있다. 아이가 아프면 병원에 가서 의사의 진료를 받아야 하는데 검증되지 않은 민간요법을 알려주며 특효라고 말한다면 이는 자칫 위험을 초래할 수도 있다. 솔루션을 준 선배 맘이 의사라고 해도 아이에 따라 증상과 진료는 직접 살펴봐야 하기 때문에 반드시 전문가와 상담해야 한다. 가끔은 학교나 학원 등의 교육 정보를 묻기도 하는데 그 지역에 살지도 않고 경험도 없는 분들이 무조건 '나쁘다, 할 필요 없다'고 말한다면 이 또한 잘못된 정보로 피해를 볼 수 있는 것이다. 프로필을 누르면 답을 준 사람의 간단한 프로필과 게시 글은 확인할 수 있으니 무턱 대고 믿지 말고, 먼저 확인하자. 진짜 '꿀 정보'가 공개된 카페에 버젓이 올라올 리 없다. 이 점만 생각해봐도 답은 나올 것이다.

대형 지역 맘 카페의 경우, 회원 수가 몇 만 명을 웃돌 정도로 거대한 규모로 발전했다. 그러다 보니 자연스럽게 사회적 권력을 갖게 되면서 '맘 카페 갑질'이라는 사회문제도 전면으로 떠오르고 있다. 최근 불거진 어린이집 마녀사냥 사건은 이 같은 논란에 불을 붙인 계기가 됐다. 경기도의 한 맘 카페에서 보육교사의 아동학대 의혹을 거론했고, 곧 신상털이 및 공격적인 댓글들이 이어졌다. 해당 보육교사는 견디지 못하고 극단적인 선택으로 삶을 마감해 많은 이들을 안타깝게

했다. 이외에도 맘 카페의 단체 행동으로 일부 상점이 문을 닫거나 아예 지역 상권 자체가 무너진 예도 쉽게 찾을 수 있다. 그만큼 한 집단이 내는 목소리는 강한 힘을 갖는다. 그것이 부정적일 때 더욱 파급력이 크다. 그리고 그 과정에서 누군가는 돌이킬 수 없는 피해를 입는다.

한두 사람의 의견이 전체의 의견처럼 왜곡돼 보일 수 있는 공간인 만큼 글을 올릴 때는 더욱 조심하고 한 번 더 생각할 필요가 있다. 어린이집이나 학교 문제로 속상한 일이 있더라도 사실에 근거한 내용이 맞는지, 억울하게 피해를 보는 사람은 없는지 등을 고려해서 글을 쓰는 것이 좋다.

사실 순수하게 정보를 공유하는 장이라고 보기에는 무리가 있다. 대형 맘 카페 자체가 상업화됐기 때문이다. 맘 카페는 출판사, 학원, 병원, 피트니스센터 등 여러 업체와의 제휴로 이익을 얻는다. 기본적으로는 맘 카페 대문에 설치된 배너 및 제휴 게시판 광고로 매출을 올리고, 공동 제휴 마케팅, 플리마켓 수수료 등으로도 이익을 얻는다. 서버는 네이버 등 포털사이트를 이용해 특별한 생산이나 운영 비용이 들지 않으니 매출이 곧 순이익으로 연결되는 고수익 사업인 셈이다. 즉, 맘 카페는 구조적으로 수익을 내는 영리단체이며, 일종의 홍보, 마케팅 기업이라고 봐도 무방하다.

실제로 맘 카페 운영진과 광고 계약을 맺고 제휴한 업체는 관련 상품에 대해 활발한 게시글을 작성할 수 있지만, 그렇지 않은 업체와 관련된 글은 운영진에 의해 바로 삭제된다. 순수하게 동료 엄마들에게 추천할 목적으로 어느 학원이나 어디 어디 식당이 좋다는 글을 올렸다가 광고성 게시 글이라며 삭제되거나 심한 경우 강제 퇴장까지 당한 경험들도 있을 것이다. 순수한 정보 공유의 장에 광고가 들어오는 것을 경계하면서 제휴 업체의 홍보에는 힘을 실어주는 아이러니한 현실인 셈이다.

주인장의 안목을 믿고 산 공동 구매가 사실은 안전성이나 품질이 확인되지 않은 과장 광고인 경우도 많다. 대다수의 의견이라고 해서 모두 진실은 아니다. 다른 엄마들이 인정하고 열광한다고 해서 꼭 내게도 잘 맞으리라는 법은 없다는 것을 기억해야 한다.

공동 구매는 자칫 과소비를 불러올 수 있다. '정말 좋은 물건이다, 지금 사면 몇 퍼센트 싸게 산다, 내가 써봤는데 너무 좋더라'라는 글을 읽으면 빛의 속도로 결제 버튼을 누르게 된다. 초등학생 아이를 둔 엄마들에게 물어보면 그렇게 산 전집과 교재가 방 한구석에 가득 쌓여 있고, 박스도 안 뜯었다고 속상해 한다. 돈도 돈이지만 남편이 그 물건들을 볼 때마다 "저거 언제 쓸 건데?"라며 면박을 줄 때마다 '내가 미쳤지' 하면서 후회한다고 한다.

이처럼 맘 카페는 밝은 면도 있지만 어두운 면도 있다. 세상 모든 것이 그러하듯 사람이 많이 모이고 정보가 왕성하게 오가는 곳일수록 개인이 중심을 잡아야 한다.

맘 카페에서 위로를 받고 정보를 얻는 것은 감사하지만 지나치면 독이 된다. 밤새 스마트폰을 보면 시력도, 건강도 나빠지고, 몸이 피로하면 가족에게 신경질을 내게 된다. 남의 글 읽으면서 부러워하지 말고 오히려 혼자만의 시간을 가지면서 내실을 기했으면 좋겠다.

얼굴도 모르는 육아 동지들에게 일상을 공유하는 대신 혼자만의 일기장에 글을 써보는 건 어떨까. 카페에 수시로 올라오는 글을 읽고 댓글 다는 걸 잠시 멈추고 조용한 곳에서 책을 읽고 메모를 남긴다면 더욱 의미 있는 시간이 될 것이다.

진짜 내가 좋아하는 것, 내가 싫어하는 것, 나의 진정한 취향은 사람들과 떨어져 있을 때 발견되기도 한다.

연결되지 않을 권리

'연결되지 않을 권리'라는 말은 본래 근무 시간 이후에 스마트폰으로 업무 지시를 받는 근로자의 권리에 대한 개념이었다. 프랑스에서 처음 입법 예정해 화제를 모았고, 세계 어느 나라 못지않게 업무 외 시간까지 연결도가 높은 우리나라에서 크게 공감을 얻어 '카톡금지법' 법안이 발의됐다(2020년 9월 현재 이 법안은 국회에 계류 중이다).

기술과 스마트 기기가 발달할수록 언제 어디에서나 일할 수 있는 편리한 환경이 조성됐다. 이동 중에도 서류를 확인하고 침대에 누워서도 고객 응대를 할 수 있다. 그만큼 업무에서 벗어나 건강하게 휴식을 취할 시간이 사라진 것이다. 주 52시간 근무제가 시행 중이라 해도 갑과 을이라는 상하 관계로 이뤄진 조직 안에서는 개인의 의지대로 연락을 거부할 수 없는 것이 현실이다. 지금 이 시간에도 업종에 따라 긴장을 늦출 틈 없이 24시간 근무 태세로 사는 사람들이 많을 것이다.

비단 직장인뿐일까. 일상에서도 마찬가지다. 스마트한 초연결 시대를 살아가는 우리 모두 과도한 연결에 대한 피로감을 느끼고 있다. 한 조사 결과에 따르면 한국인의 평균 단톡방 개수는 5.7개라고 한다. 물론 10개가 넘도록 활성화된 단톡방을 가진 사람들도 꽤 있는 것으로 나왔다.

엄마들만 해도 학부모 모임 관련, 가족 친지 관련, 동호인, 친구들까지 대여섯 개의 단톡방에 참여하고 있다.

사실 엄마들에게 가족, 더 나아가 시부모님, 친정 부모님까지 계시는 단톡방은 어렵다. 요즘 부모님 세대는 스마트폰의 기본 기능은 숙지하신 터라 활발히 사용하신다. 아이들이 보고 싶다고 영상 통화를 하실 때도 있고 이른 아침마다 새로운 정보를 올리는 경우도 비일비재하다. 아무리 좋은 말이라고 해도 아침마다 해 뜨는 광경 위에 새겨지는 명언을 보는 것은 그리 유쾌한 일이 아니다. '골다공증에 좋은 음식은 뭐가 있다, 혈압에는 어떤 약이 좋다'는 포스팅을 보면 이걸 사드려야 하나 고민스럽다. 남편과 오랜만에 외식한 사진도 부모님에게는 섭섭함으로 남기도 한다. '너희들끼리만 좋은 것 먹으러 갔더구나'라고.

엄마들과의 단톡방도 힘들기는 매한가지다. 일상의 소소한 사진을 무한정으로 올려 단톡방을 도배하는 엄마도 있고, 명품 쇼핑 등 끝없는 자랑질로 염장을 지르는 경우도 있다. 가끔은 잘 모르는 엄마의 시댁 흉을 함께 봐야 한다. 엄마들의 수다는 끝없이 이어져 밤늦게까지 단톡방이 활성 상태이기도 한다. 당장 나가고 싶지만 왕따가 될 것 같아, 혹은 내가 나간 후 내 흉을 볼까봐 나가지도 못하는 게 현실이다. 늦은 시각까지 있자니 몸도 피곤하고 소모적인 일로 시간을 낭비하는 것 같아 짜증스럽기도 하다. 어떤 엄마는 밤 10시에 단톡방을 닫자고 하는데 이는 현실적으로 어렵다. 육퇴(육아 퇴근)가 보통 밤 10시니까. 누군가에게 밤 10시는 이제야 단톡방이 시작되는 시간인 것이다. 그래도 자정을 넘기지는 말자. 그 안에 있어서 얻는 것도 있지만 잃는 것도 많다. 2시간 동안 남의 일에 관심 갖지 말고 1시간이라도 오롯이 자신을 들여다보는 시간이면 좋겠다. 공부하는 시간으로 활용하면 더 좋고!

개인적인 기록을 위해 운영하는 SNS 또한 직장 동료뿐 아니라 시댁 식구들까지 친구 신청을 하거나 이미 관찰 당하고 있는 경우가 많다. 내가 알고 있는 한 지인의 경우, 갑작스럽게 야근이 잡혀서 시어머니가 저녁 같이 먹자는 제안을 거절했는데, 생각보다 일이 일찍 끝나 남편과 식당에서 늦은 저녁을 먹고 SNS에 올린 적이 있다. 그 사진을 본 시어머니가 거짓말을 했다고 오해하시고 야단을 쳐서 애를 먹었다는 것이다. 어머니 입장에선 사진이 올라온 시간까지 꼼꼼하게 확인을 하실 리 없으니 화가 나실 법도 하다. 나의 신상이 노출되는 정도를 충분히 고민하지 않으면 누구나 겪을 수 있는 일이다.

생각보다 많은 사람이 큰 고민 없이 SNS를 통해 자잘한 일상을 공유한다. 댓글이나 '좋아요'를 늘리기 위해 전체 공개로 설정해 놓는 경우가 대부분이다. 하지만 그 안에는 예민한 정보 또한 들어있을 수 있으니 올리기 전 심사숙고해야 한다.

나의 의사와 상관없이 내 사진이나 예민한 정보가 타인의 SNS에 노출되는 경우도 있다. 아직 의사표현을 할 수 없는 미성년 아이들의 경우, 귀여운 성장 과정을 인터넷에 올리는 것은 하나의 문화로 여겨진다. 공유를 뜻하는 셰어(share)에 부모를 뜻하는 페어런츠(parents)를 합성해 '셰어런츠'라는 신조어가 생겼을 정도다.

귀여운 아기들이 조금씩 자라나는 과정은 사진으로만 봐도 미소가 지어진다. 그러나 그 안에는 성기가 노출된 채 대소변을 보는 모습도 찍혀 있고, 상처나 발진 등이 드러난 경우도 있다. 아이가 자란 후에 해당 사진을 보고 좋은 기억으로 남을 수도 있지만 수치심을 느끼거나 불쾌할 수도 있다. 실제로 해외에서는 자녀가 자신의 성장 과정을 페이스북에 공개한 부모를 초상권 침해로 고소한 사례도 있다.

특히 어린이집, 유치원, 학원, 문화센터 등 아이의 동선이 파악될 수 있는 사진이나 생년월일 같은 신상정보가 노출되면 범죄의 타깃이 될 수도 있으니 더욱 조심해야 한다.

초연결 시대, 더 많은 사람과 더 빠르게, 더 많이 연결되고 이전과 비교할 수 없을 만큼 다양한 정보를 습득한다. 그러나 영양이 과잉되면 병이 생기는 것처럼 너무 많은 관계가 문제를 낳는 것은 아닌지 생각해봐야 할 시점이다.

비만으로 몸이 나빠지면 다이어트를 한다. 평소보다 조금 덜 먹고 신체를 움직여 건강을 되찾기 위해 노력한다. 나쁜 음식과 스트레스로 독소가 쌓였다면 디톡스 요법도 쓴다. 과도한 연결로 병들어 있는 스마트폰도 다이어트를 해보면 어떨까? 무조건 추가하던 카톡 친구 명단을 정리하고 마케팅 수신 알림은 꺼두자. 볼 때마다 스트레스를 주는 인스타 친구가 있다면 팔로우를 끊고 원치 않는 정보는 거절한다. 다른 사람이 보지 않았으면 하는 블로그는 비공개로 전환하고 아이의 정보가 너무 많이 노출된 피드는 삭제하자. 생활을 단순하게 만들고 대신 몸을 많이 움직이자. 스마트폰이 디톡스 다이어트에 성공한다면 우리의 피폐한 마음에도 건강이 찾아올 것이다.

아이를 위한 순간의 기록,
제대로 정리하면 보물 된다

필름 카메라 시절엔 사진이 귀했다. 필름도 비쌌고 현상과 인화에는 품이 들었다. 그만큼 한 장 한 장이 소중했다. 시간 순서대로 앨범에 고이 꽂아 정리했고, 간략하게 메모를 적어 그 순간의 느낌과 감정을 남기려고 애썼다.

디지털카메라의 등장은 혁명이었다. 필름이 필요 없고 대용량 이미지가 파일 형태로 저장됐다. 스마트폰에 쏙 들어온 고화질, 고기능의 카메라는 우리 모두를 사진작가로 만들어줬지만, 그만큼 한 장의 이미지가 가진 가치는 떨어진 것 같아 아쉬운 마음도 든다.

아이를 키울 때, 우리는 손에서 카메라를 놓지 못한다. 수시로 포토 앱을 열어 찰칵찰칵 누르지만 아무리 찍어도 여전히 허전하고 부족한 기분이다. 사람들은 왜 사진을 찍을까? 사진작가는 사진을 찍는 것 자체에 의미를 두지만, 직업이 아닌 일반인은 기록하기 위해 찍는다. 지금 이 순간을 기억하기 위해, 다시는 돌아갈 수 없는 소중한 순간을 조금이라도 더 간직하고 싶어서 셔터를 누르는 게 아닐까?

그러나 안타깝게도 찍는 행위가 모두 기록이 되지는 않는다. 하루에도 수십, 수백 장의 이미지가 생성되지만 정리하지 않으면 그저 숫자로 명명된 jpg 파일일 뿐이다. 아이에게도 나에게도 경험을 남기는 것은 소중한 일이다. 많은 엄마가 그 마음으로 SNS를 한다.

사실 조금 더 욕심을 내자면 SNS보다는 텍스트 기록이 용이한 블로그를 활용하라고 권하고 싶다. 완성된 기록 형태로 작성 및 관리가 편리하고 나중에 활용하기도 좋기 때문이다. 비공개로 설정해 놓으면 개인 정보 노출 위험 없이 편하게 관리할 수 있다.

특히 유아, 초등학생은 엄마와 체험학습을 많이 떠나는 시기다. 한 번 다녀올 때마다 수십 또는 수백 장의 사진을 찍는다. 아이와 함께 기록으로 정리하면 좋으련만 언제고 한 번 날 잡아서 해야지 하는 마음에 미루고 미루다 그때 찍은 사진을 다시는 열어보지 않는다. 그러나 이때 단순한 방법으로 신속하게 블로그에 정리하는 습관을 기르면 얻을 수 있는 이점이 생각보다 많다.

우선 다양한 활동을 통해 내가 어떤 것을 좋아하고, 어떤 것을 잘하는지 스스로 알게 된다. 이런 활동은 궁극적으로 진학과 진로로 연결되기도 하는데, 가까운 예로 초등학교 3학년부터 준비하는 영재교육원 자기소개서의 소재가 되기도 하고, 중학교 자유학년제 진로 활동의 모태가 되기도 한다. 특목고 입시나 명문 대학 학생부종합전형에서는 대부분 지원자의 활동, 특히 진로와 관련된 구체적 사례를 묻는데 유·초등 시절부터 체험을 기록한 활동 보고서는 개성 있는 답변을 할 수 있게 하고, 진정성을 인정받게 만든다.

알고 보면 더욱 중요한 체험 활동 보고서, 어떻게 작성할까?

먼저 체험 학습을 떠나기 전에 준비물부터 알아보자. 가장 중요한 것은 카메라다. 아이가 일곱 살만 돼도 혼자서 충분히 카메라를 다룰 수 있다. 몇 년 전만 해도 저렴한 디지털카메라 하나를 아이 목에 걸어주라고 이야기했지만 요즘엔 웬만한 디지털카메라도 스마트폰의 성능과 편리함을 따라갈 수 없게 됐다. 굳이 돈 주고 디지털카메라를 살 필요가 없어진 셈이다. 그렇다고 엄마 아빠가 사용하는 스마트폰을 떡 하니 아이 손에 쥐여줄 수는 없다. 대신 집 어딘가에 굴러다니는 공기계 스마트폰을 잘 충전해서 목걸이 줄을 연결해 아이에게 걸어주자. 아이가 사진기자라도 된 듯 기뻐하는 모습을 볼 수 있을 것이다.

초등학생이라면 사진 잘 찍는 법을 미리 알려주면 좋다. 사진은 빛과 구도가 중요하다는 것, 줌 기능을 사용하면 편리하다는 것 등. 인터넷에 널린 사진 기술 온라인 강의 몇 개만 들어도 아이는 사진에 관련해서는 도사가 될 것이다.

카메라를 목에 걸고 체험을 하는 아이는 일단 눈빛부터 다르다. 같은 장소, 같은 현상을 보더라도 전과 다른 집중력을 보일 것이다. 찍은 작품을 보면 아이의 시각이 엄마와 어떻게 다른지도 느낄 수 있다. 아이는 자신만의 시선으로 작품을 만들어낸다. 아이는 그 자체로도 이미 훌륭한 작가다.

공기계 스마트폰 카메라를 준비했다면 문구점에서 작은 기자수첩과 목걸이 볼펜도 구입해 아이에게 쥐여주자. 미니 백 안에 쏘옥 넣어주면 체험 학습 준비가 끝난 셈이다.

박물관, 미술관, 전시관, 공연장 등 아이와 함께 갈 수 있는 곳은 지천에 널려 있다. 그러나 다양한 곳을 가는 것보다 정말 좋은 한 곳을 여러 번 가는 게 더 좋다. 처음에는 보이지 않던 것도 눈에 보이고, 느끼지 못한 것도 마음에 와닿기 때문이다.

단, 차분히 체험할 새도 없이 끊임없이 셔터만 눌러대는 것을 방지하기 위해 찍을 사진의 장수를 미리 정하는 게 좋다. 필름 카메라 시절에는 필름 장수의 제한이 있어서 한 장 한 장 찍을 때마다 심혈을 기울였다. 떠나기 전에 하루에 30장만 찍기로 아이와 엄마가 서로 약속을 하면 어떨까? 가장 핵심적인 장면을 담기 위해 생각하고 고민할 것이다.

요즘은 어디를 가거나 포토 존이라는 곳이 있다. 행사를 나타내는 문구가 적혀 있거나 상징물이 진열된 곳이다. 촌스럽다고 무시하지 말고 포토 존이 보이면 필수적으로 사진을 찍자. 그래야 행사의 명칭, 날짜, 배경, 개요, 의미 등이 기록되지 않겠는가?

체험을 마치고 집으로 돌아가는 길, 차 안에서는 찍은 사진을 확인하면서 정리해야 한다. 초점이 나간 사진, 흔들린 사진, 눈이 빨갛게 나온 사진 등은 고민하지 말고 삭제한다. 그렇게 하면 결국 하루 체험 결과로 20장의 가치 있는 사진이 남을 것이다.

그다음 블로그에 순서대로 올리면 된다. 더불어 사진 하나당 간단하게 한 줄짜리 설명 글을 다는 것이다. 20장의 사진과 설명을 다 업로드한 뒤에는 전체적인 감상을 정리하면 된다. 유아의 경우는 아주 간단하게 "어땠어? 뭐가 재밌었어?"라고 물어보고 엄마가 답을 적어주

111

면 된다. 초등학생은 직접 타자를 치며 정리하는 것만으로도 큰 공부가 된다.

들어가야 하는 내용은 다음과 같다.

1 활동을 하게 된 계기

2 활동을 통해 배운 점

3 활동을 하면서 느낀 점

4 내가 변화한 부분, 영향을 받은 부분

이 모든 것을 하나의 글로 쓰는 것이 어렵다면 처음엔 각각의 질문에 짧은 답을 적어도 된다. 사진 10장에 서너 줄씩만 엮어도 A4 세 장에 이르는 근사한 체험 활동 보고서가 된다. 이 단순하고 간단한 방식이 서울대 우수성 입증 자료의 기준이라니 놀랍지 않은가? 하다 보면 정말 재미있다. 아이가 원한다면 프린트도 하고 파일로 엮어주면 더 좋다. 두고두고 볼 수 있는 근사한 스크랩북이 만들어지니 말이다.

엄마가 따로 전화번호나 티켓 금액 등도 정리해 놓는다면 다음에 필요할 때 정보를 찾아볼 수 있다. 블로그에 올릴 때도 과학, 수학, 미술, 음악 등 과목별로 구분해서 정리하면 나중에 쉽게 찾아볼 수 있다.

기록은 그 자체도 의미 있지만 필요한 순간 검색해 활용할 때 더욱 가치가 있다. 디지털 기기의 발전만큼 우리도 발전해야 한다. 문명의 이기를 마음껏 이용해 기록하고 정리하고 활용해보자. 지금 이 순간이 풍요로워지는 마법을 경험하게 될 것이다.

내 아이와
함께 성장하는 관계

엄마는 자녀의 등대다

낯설고 두렵던 임신과 출산의 기억이 아직도 생생한데 어느덧 아이가 내 인생에서 너무 큰 비중을 차지하고 있다. 엄마가 아이를 사랑하는 것은 너무도 당연한 일. 그러나 걱정과 기대가 큰 탓인지 자꾸만 화가 나고 서운해진다. 내 배에서 나온 내 일부인데 점차 남이 되어 멀어지는 아이. 어떻게 사랑해야, 아이도 나도 지혜롭게 성장할 수 있을까. 아이의 뒤, 조금 멀찍이 떨어진 곳에서, 아이의 머리맡 조금 높은 곳에서 아이를 내려다보고 등불을 비춰줘야 한다. 어둠에도 흔들림 없는 등대 같은 엄마가 있다면, 자녀는 절대 길을 잃지 않는다.

시행착오의 기회를 줘라

세상 모든 부모는 자기 아이를 사랑한다. 여기서 사랑이란 무엇일까? 어떻게 사랑해야 하는 걸까? 24시간 아이만 바라보는 것은 사랑이 아니다. 알아서 크라는 식의 방임하는 태도도 사랑은 아니다.

네 발로 엉금엉금 기던 아기는 어느 순간 다리에 힘이 생겨 걸음마를 시작한다. 걷다 넘어지기를 반복하다 완전히 자유롭게 팔짝팔짝 뛰게 된다. 그 곁에 있는 부모의 모습을 생각해보자. 부모가 대신 걸어줄 수는 없다. 하지만 넘어져서 다칠 위험이 있는 물건은 미리 치우고, 아기가 손을 내밀면 손을 잡아주고, 혼자 할 수 있게 됐을 땐 손을 놓아준다.

사랑이란 그런 게 아닐까? 자녀가 자신의 두 발로 단단히 땅을 딛고 설 수 있게 지켜봐주는 것. 스스로 설 수 있게 도와주는 것 말이다.

많은 부모가 자신이 가진 에너지를 자녀에게 올인하고 부족한 걸 옆에서 채워줌으로써 존재감을 느낀다. 아들, 딸이 못하는 것을 대신 해주며 훌륭한 일을 했다고 착각하지만, 사실 그것은 진정한 의미의 사랑이 아니라고 말해주고 싶다.

대여섯 살짜리 꼬맹이와 아이스크림 가게에 온 엄마들은 열이면 열, 한 차례씩 실랑이를 치른다. 골라 먹는 재미가 있다며 진열해 놓은 아이스크림 앞에서, 요구르트 맛이나 멜론 맛을 고르는 엄마와 달리 아이는 이름도 요상한 신제품을 고른다. 메뉴 선정으로 어렵게 1차전을 끝내고 나면 "어디에 담아 드릴까요?"라고 묻는 직원 앞에서 바로 2차전이 시작된다. 아이는 콘, 엄마는 컵을 고르며 "너 보나 마나 흘릴 거잖아!"라며 폭풍 잔소리를 시작한다. 아이의 고집에 못 이겨 콘에 담고 나면 몇 분이 채 지나지 않아 엄마의 예언대로 바닥에 아이스크림이 떨어진다. 아이의 울음소리와 엄마의 다그침이 한바탕 소동처럼 지나갈 것이다.

이 글을 읽는 독자도 한 번쯤은 같은 경험이 있지 않을까? 그러나 가끔은 곁에서 아이를 조용히 지켜보는 엄마도 있다. 그 많은 아이스크림 중에서 신중하게 먹고 싶은 것을 고르는 아이, 힘들게 고른 아이스크림을 콘에 얹어 받자마자 땅에 떨어뜨려 울음을 터트리는 아이, 이 모습을 보는 엄마 눈에서도 눈물이 난다.

나는 아이의 선택을 존중한 엄마를 응원해주고 싶다. 그 엄마도 맘 같아서는 한 개를 후딱 선택하고 안전하게 컵에 꾹꾹 눌러 달라고 하고 싶었을 것이다. 그러나 선택의 기회를 아이에게 맡겼다. 지금은 고작 아이스크림을 선택하는 것이지만 앞으로 아이 인생에는 훨씬 더 많은 선택의 기회에 놓인다. 서점에 가면 책을 골라야 하고, 학교에 가면 마음에 드는 친구를 사귀어야 한다. 나이가 들면 연애를 할 것이고 배우자도 선택할 것이다. 심지어는 어떤 집을 사야 할지 고민도 할 것이다. 선택을 배우는 출발은 바로 이 아이스크림부터다. 고집부려 고른 맛이 생각과 달리 이상한 맛일 수도 있고, 마음에 쏙 드는 맛일 수도 있다. 콘에 든 아이스크림이 불안하면 다음에는 받자마자 아이스크림을 입으로 꾹 누를 것이다.

아이들은 어른이 보기에 언제나 불안한 선택을 한다. 유치원생 아이들이 입겠다고 고른 옷들은 대개 밖에 데리고 나가기 부끄러운 조합이다. 이대로 입혀서 내보내는 것은 엄마의 직무유기처럼 느껴질 정도다. 한겨울에 레이스 원피스를 입겠다고 하고, 며칠씩 입은 티셔츠를 절대로 안 벗겠다고 우기기도 한다. 그렇다고 굳이 아이와 싸워 이겨서 엄마 취향에 맞는 예쁜 옷을 입힐 것은 또 무엇인가. 그냥 밖으로 내보내도 괜찮다.

'아, 이렇게 입으니 멋있네!'

'이렇게 입으니 친구들이 이상하다고 하네?'

'역시 겨울에 레이스 원피스는 춥구나. 엄마 말을 들을 걸 그랬어.'

우리 아이들은 이렇게 한 뼘씩 자란다. 유아기 아이를 키우는 엄마들은 매번 안달이 난다. 똥을 누고 뒤를 닦는 일, 운동화 끈을 매는 일, 물을 따라 마시는 일 등.

안달 내지 말고 혼자 할 때까지 기다려보자. 아이들은 실수해도 괜찮다. 넘어져도 괜찮다. 조금 떨어진 곳에 웃으며 도와줄 엄마가 있기 때문이다.

엄마는 수호천사

오랜만에 친구와 전화로 수다를 떨고 있는데 아이가 엄마를 찾는다. 모처럼 재미있게 이야기 중인데 뭐 좀 도와 달란다. 엄마의 휴식을 방해하는 것 같아 순간 화가 치민다. 그렇다고 화를 낼 수도 없고. 자, 이럴 때 엄마는 어떻게 행동해야 할까? 친구에게 잠깐 양해를 구한 다음 수화기를 막고, 조용히 물어보면 된다. "지금 해야 해? 중요한 거야?" 간절한 눈빛으로 고개를 끄덕인다면? 당장 전화를 끊어야 한다. 하지만 대부분은 그리 급한 일이 아니다. 그냥 엄마가 궁금해서 통화하는 엄마 곁에 온 거다. 아이도 미안한지 다음에 해도 된다고 한다.

"괜찮아 엄마, 이따가 해줘."

꼭 아이의 눈을 보고 알려주자.

"응, 엄마가 지금 통화하고 있으니까 끝나고 갈게."

잠시 후 전화를 끊었다면 지체 없이 아이에게 달려가야 한다. 작은 일이든 큰일이든 아이와의 약속은 꼭 지키는 것이 중요하다. 이런 일상의 작은 경험을 통해 아이는 엄마에 대한 신뢰를 포인트처럼 적립하기 때문이다.

'지금은 바쁘지만 엄마는 날 도와줄 것이다.'

'10분이든 20분이든 온전히 날 위해 시간을 써줄 것이다.'

이 믿음이 있다면 아이는 홀로 있는 시간에도 단단하게 버틸 수 있게 된다.

아이는 자랄수록 엄마의 영향력에서 조금씩 벗어나 독립할 준비를 한다. 다섯 살 아이에게 90퍼센트만큼의 케어를 해야 했다면 여섯 살, 일곱 살이 되면서 케어의 정도는 80퍼센트, 70퍼센트로 줄어든다. 양적인 케어가 줄어드는 대신, 질적 케어가 중요해진다. 짧은 시간이라도 집중력 있게 소통하고, 존중받는 느낌을 주는 것이다.

아이를 존중한다는 것은 말로만 하는 것이 아니다. 공간으로 표현된다. 열 살이 넘은 3~4학년 아이에게는 그들만의 공간을 만들어주자. 방이 될 수도 있고, 파티션 한 칸일 수도 있다. 아니면 그냥 책상하나가 될 수도 있다. 단, 그 공간에서는 오롯이 혼자 있을 수 있어야 하며 엄마의 영향에서 분리돼야 한다.

아이들이라고 숨기고 싶은 게 없겠는가. 책을 펴놓은 채 코딱지를 파는 아이들이 많다. 코만 팔까? 머리도 긁는다. 머리만 긁을까? 엉덩이도 긁고 냄새도 맡는다. 아이가 자신의 공간에서 그러고 있다면 그냥 봐도 못 본 척하자. 그게 그들의 짧은 휴식일지도 모른다.

"아유 정말, 너 더럽게 뭐 하는 거니?"

"잠시도 똑바로 못 앉아 있네. 제대로 앉아 있는 것도 힘들어서 어떻게 해?"

24시간 지켜보고 한마디씩 하면 아이도 지친다. 이런 일이 반복되면 아이들은 제대로 된 습관을 갖는 대신 쇼하는 법을 배운다. 엄마의 눈에 비춰지는 모습을 만들어내는 것이다.

물론 거리를 두되 방임하는 것은 금물이다. 아이들도 다 안다. 엄마가 아예 안 보고 있는지, 아니면 다 알고 있지만 잔소리하지 않는지.

적절한 순간에 짧게 체크하는 것도 기술이다. 학습지에 메모를 하거나 체크리스트에 표시를 하거나 문자 메시지를 보내자.

"아들, 오늘도 열심히 공부했네! 집중 안 되면 얼음물 한잔 마셔."

"딸, 많이 피곤하지? 너무 졸리면 아예 한숨 자고 해."

하루에 한 번 정도는 아이의 행동을 체크하고 팁을 줄 필요가 있다.

기억하자. '우리 엄마는 모를걸?'과 '우리 엄만 그런 거 가지고 말 안 해'는 완전히 다르다. 아이는 엄마가 큰 둥지에서 자신들을 지켜보고 보호한다는 것을 안다. 엄마는 둥지고 수호천사다.

아이를 행복하게 만드는 엄마의 말

나는 스물일곱 살에 결혼했고 서른 살에 첫아이를 낳았다. 1990년 당시에는 30대 초산이 위험하다는 분위기였다. 지금 이런 소리를 하면 지나가는 개도 웃겠지만 그때는 그랬다. 게다가 아이가 배 속에서 거꾸로 선 바람에 자연분만은 어려웠고 제왕절개 수술이 불가피했다. 우여곡절 끝에 아이를 낳고 본격적인 육아를 시작했다. 당시로는 늦은 나이에 힘들게 낳은 아이라 애지중지할 수도 있지만 난 오히려 평범하게 키우고 싶었다. 유별난 자녀 양육이 오히려 아이의 성격을 예민하게 만들고 엄마는 물론 아이까지 힘들게 한다고 생각했기 때문이다.

겉으로 보기에는 평범한 일상과 육아였지만 아이에 대한 생각과 마음가짐은 달랐다. 결혼 3년 만에 아이를 낳은 것도 기뻤고, 건강하게 자라주는 것이 축복이라 생각했다. 그리고 항상 마음속으로 이 말을 되새겼다. '내 아들로 태어나줘서 고마워.' 이는 나에게 기도였고, 다짐이었고, 아이에게 전달하는 메시지였다.

아이를 키우면서 정말 많은 일을 겪었다. 아이 때문에 웃은 적도 많고, 아이 때문에 힘든 점도 많았다. 엄마가 된 이후 희로애락의 감정은 항상 아이와 연관성이 있었다. 내 맘처럼 되지 않아서 안타까운 적도 많았지만 그래도 중심에는 이런 생각이 자리 잡고 있었다.

'엄마는 네가 자랑스러워.'

강의할 때마다 엄마들에게 아래의 글을 함께 읽자고 말한다. 하루

하루 바쁘게 살지만 이런 마음을 잊지 말자고 되뇌인다. 큰 소리로 읽으면 우리 마음에 작은 물결이 생기고, 눈을 감으면 우리 아이가 태어났을 때 모습도 떠오른다. 눈물이 나기도 하고, 새삼 고마운 마음이 솟구치기도 한다.

"내 아들(딸)로 태어나줘서 고마워."

존재 그 자체를 긍정하고 감사하자. 아이를 키우는 동안 화나거나 좌절하게 되는 순간도 있지만 존재 자체를 무시하거나 부정하는 말을 해서는 안 된다.

"엄마는 네가 자랑스러워."

아이들은 종종 머뭇거리고 조바심을 낸다. 잘할 수 있을지 고민하고 결과가 안 좋을까봐 걱정한다. 아이를 믿어주는 엄마의 한마디가 곧 자신감으로 다가올 것이다.

"다른 사람들이 다 엄마가 부럽대."

인정받고 싶은 마음은 어른이나 아이나 마찬가지다. 특히 외부 사람들에게 인정받으면 색다른 자극이 될 것이다. 가끔씩 특별한 인정의 말을 이용하자. 어려운 일도 할 수 있게 만드는 에너지가 된다.

"네가 도와주니 한결 편하다."

아이가 선의를 가지고 엄마를 도와주면 감사를 표하자. 아무리 사소한 일이라도 세심하게 피드백을 해주면 좋다. 감사는 습관이다. 아이는 남을 돕는 기쁨을 알게 될 것이다.

"우리 아들(딸)이 만들어주니 정말 맛있네."

아이가 서툰 솜씨로 무언가를 해냈을 때, 구체적으로 칭찬을 해주자. 비록 결과가 미흡하더라도 그 과정을 모두 달성했다면 그것 또한 크게 칭찬해 줘야 한다.

"힘들어? 힘들어 보인다."

대화하기에 앞서 아이의 마음을 읽자. 표정이나 상태를 관찰하고 감정을 살피는 것이 우선이다. 감정에 대한 공감은 모든 소통의 시작이다.

"네가 인정받을 기회가 올 거야."

인생의 선배이기도 한 엄마는 아이에게 미래를 그려줄 수 있는 사람이다. 앞으로 아이의 인생에서 펼쳐질 긍정적인 미래에 대한 이야기를 자주 해주자.

"인생 길다. 지금은 힘들어도 결국엔 네가 이길 거야."

아이도 나이를 먹을수록 크고 작은 좌절과 실패에 부딪힌다. 모든 고비마다 부모가 나서서 해결사 역할을 해줄 수는 없다. 그러나 진심 어린 격려와 조언은 필요하다. 스스로 일어설 수 있도록 지켜봐주자.

"엄마는 네가 행복했으면 좋겠어."

같은 상황에 있더라도 사람에 따라 행복을 느끼는 정도는 다르다. 행복은 의지를 가지고 충분히 만들어나갈 수 있다. 행복한 엄마는 아이 또한 행복을 추구할 수 있게 청사진을 그려준다. 또한 행복의 기술을 전수할 수 있다.

세상을 살다 보면 복잡하고 어려운 일을 많이 만나지만, 그중 가장 어려운 일은 자식을 키우는 일일 것이다. 매 순간 성장하며 색다른 모습을 보여주는 아이라는 존재 앞에서 우리는 언제나 초보 엄마다. 엄마라는 역할에서 벽에 부딪힐 때마다 이 일의 최종 목표를 떠올리자. 아이가 독립된 한 사람으로 행복을 향해 당당하게 걸어갈 수 있게 만드는 것. 원대하지만 단순한 그 목표를 향해 지금의 일상을 살아가는 사람, 바로 당신이 프로 엄마다.

온전히 즐겨라, 해피타임

요즘 아이들 행복할까? 아침 일찍 학교에 갔다가 끝나기 무섭게 학원 차에 올라타고 여기저기 뺑뺑이를 돈다. 편의점에서 산 삼각김밥으로 대충 끼니를 때우고 집에 와서는 많은 양의 숙제를 하다가 지쳐 잠드는 하루. 믿기 어렵겠지만 요즘 초등 2~3학년들의 흔한 일상이다. 과연 그들이 행복하다고 말할 수 있을까?

밀린 숙제를 하다가 울며 잠드는 아이와 하고 싶은 것을 조금이라

125

도 즐기다 기쁜 마음으로 잠자리에 드는 아이의 차이점은 무엇일까? 설령 낮 동안 조금 힘들었다 할지라도 잠들기 전 30분이 행복했다면 그 아이는 그날 하루를 행복했다고 기억할 것이다. 그리고 그 에너지로 앞으로의 하루하루를 잘 견딜 수 있다.

그래서 생각한 것이 '해피타임'이다. 강의나 방송에서 여러 차례 강조한 개념으로 직접 실천해본 학부모들이 아이의 정서뿐 아니라 공부와 진로에 더없이 중요한 시간이 됐다고 긍정의 피드백을 줬다.

잠들기 전 매일 30분에서 한 시간 정도는 아이가 정말 좋아하는 것을 하는 시간, 그게 바로 해피타임이다. 아이들은 연령에 따라 꽂히는 것이 다르다. 방귀, 똥, 공룡, 블록, 자동차, 로봇, 게임 등. 아이와 상의해 요일별 해피타임에 어떤 활동을 할지 정하면 좋다. 좋아하는 것에 대한 계획을 짤 때 아이의 눈빛은 반짝거릴 것이다.

"엄마, 난 월요일엔 레고 할래. 화요일엔 공룡책 읽고, 수요일엔 종이접기, 목요일엔 일기 쓸게. 엄마도 내가 일기 쓰는 거 좋아하지? 엄마 금요일에 액체괴물 해도 돼요?"

그게 무엇이 됐든 아이가 좋아하는 것을 할 수 있게 시간을 주자. 선택은 아이의 몫이다. 엄마가 "이게 좋은데, 저게 좋은데"라고 하면 그건 아이의 해피타임이 아니다. 아이가 선택했다고 해도 지속적이지 않을 수 있다. 막상 해보니 재미없을 수도 있고, 더 재미있어 보이는 게 생길 수도 있다. 한 번 정한 것을 무조건 끝까지 할 필요는 없지만 그렇다고 아이 말만 듣고 덜컥 바꾸지는 말자. 어떤 일이든 위기는 항상 오고 그때마다 포기하고 싶어지니까. 이런 것도 견디고 이겨내는 사람만이 결실을 보게 된다. 가급적 3개월 정도는 꾸준히 해보는 것이 좋다. 같은 일을 반복적으로 하다 보면 실력과 노하우가 축적된다. 1년을 반복하면 52주 정도의 경험이 쌓이는 셈이다.

1년에 52회 종이접기를 한 아이는 종이접기 박사가 된다. 누구를 만나도 종이접기를 주제로 몇 시간씩 말할 수 있을 것이다. 여기서 엄마의 역할이 중요하다. 관심 영역에 대한 시야를 넓혀서 지식이나 기술을 확장시키는 것. 그것은 엄마가 옆에서 발품을 팔고 연구하며 거들어야 하는 일이다.

예를 들어 종이접기를 좋아하는 아이에게 단순히 똑같은 사이즈의 색종이만 접게 하지 말고 다양한 재질의 종이를 구해줘보자. 아이는 자연스럽게 종이 디자인과 색깔에 따른 결과물의 차이를 느낄 수 있게 된다. 책장 두 칸 정도를 비운 다음 아이가 만든 종이접기 작품을 전시하고, 작품 이름과 창작 의도가 무엇인지 인터뷰해봐도 좋을 것이다. 작품에 숨어 있는 심리나 생각을 표현하는 것도 엄청난 공부다.

이런 활동을 통해 아이는 점차 자기가 무엇을 좋아하고 무엇을 잘하는지 스스로 깨닫게 되고, 이것은 차후 진로 활동과 연결된다.

해피타임이 쌓이면 해피데이를 만들어준다. 해피데이는 평일 중 하루는 학원을 가지 않는 날이다. 그냥 노는 게 아니라 집중적으로 내가 좋아하는 것에 몰두하는 시간을 갖게 해준다. 온종일 허용할 수 없다면 최소 3~4시간이라도 확보해줘야 한다. 아마 그 시간 동안은 무척 바쁠 것이다. 인터넷에서 내가 좋아하는 분야의 자료도 찾아야 하고, 전시회가 있으면 직접 가서 확인해야 한다. 종이접기에 꽂힌 아이는 종이 박물관에서 종이의 역사와 쓰임, 물질의 화학적 성분을 배울 수도 있다. 과학 잡지를 펼쳐놓고 평면인 종이가 입체로 확장되는 도형의 원리에 대해 공부할 수도 있다. 접었다 펼쳐지는 원리는 한정된 공간에서 많은 작업을 해야 하는 인체공학과 우주공학에서도 중요하게 여겨지는 기술이다. 종이접기의 골과 마루 기술을 기반으로 만들어진 건축물을 견학해도 좋다. 더 확장한다면 세계문화유산에 들어 있는 건축 원리를 찾아봐도 될 것이다. 물론, 그때그때 제공하는 정보에는 엄마의 도움이 필요하다.

심심풀이 취미였던 종이접기는 도형, 패턴, 예술, 건축, 디자인 등 전문적인 지식과 넓은 세계를 이해하는 열쇠가 된다. 아이가 체험하는 과정을 사진으로 남기거나 기록으로 남기면 어떨까?

가장 좋은 방법은 블로그에 비공개로 정리하는 것이다. 아이가 한 모든 활동을 기록할 필요는 없지만 여러 번 반복한 활동이라면 그건 분명 의미가 있으므로, 이런 것을 중심으로 기록할 것. 사진과 함께 아이 스스로 활동하게 된 동기, 배운 점, 느낀 점, 얻은 영향 등을 정리할 수 있다면 더할 나위 없다. 이 과정을 통해 아이의 활동이 점차 확장되며 마침내 중요한 스펙으로 남게 된다.

'놀이를 스펙으로' 강의에서 강조하는 말이다. 우리 아이들의 놀이가 차후 훌륭한 스펙이 된다. 해피타임에서 쌓은 경험이 해피데이의 체험으로 자료화되면 영재교육원이나 특목고 진학 시 제출하는 자기소개서에서 진로 활동으로, 진정성과 전공 적합성 활동으로 인정받을 수 있다. 군이 입학 서류가 아니더라도 이 과정은 아이가 꿈을 찾고 행복한 진로의 방향을 정하는 데 든든한 밑거름이 돼줄 것이다. 좋아하는 것이 있는 아이, 동아리 활동을 해본 아이, 무언가에 미쳐서 끝없이 몰두해본 아이, 쉬는 시간을 즐길 만한 취미가 있는 아이의 매력은 말로 표현하기 어려울 정도로 빛이 난다.

많은 엄마가 나를 찾아와서 이렇게 하소연을 한다.
"코치님, 우리 애는 꿈이 없어요."
"애가 아무리 물어봐도 딱히 좋아하는 게 없대요."
그때마다 나는 아이가 꿈이 없는 건 아이 잘못이 아니라고 말한다. 아이에겐 꿈 꿀 시간도 없고, 꿈을 꿀 계기도 없었기 때문이다. 바로 그때가 엄마의 도움이 필요한 순간이다. 엄마는 광부다. 부지런한 광부가 어두운 탄광 어딘가에 묻혀 있는 보물을 발견해 캐내듯, 지혜로운 엄마는 눈앞에 드러나지 않은 아이의 꿈과 가능성을 캐내어 밝은 곳에 내놓는다.

꿈이 있는 아이는 행복하다. 그 꿈을 꾸게 해주는 것은 엄마의 역할이다. 몰두해서 미래를 준비하면서도 '난 우리 집이 좋아', '나는 우리 엄마가 좋아'라고 생각할 수 있으니, 이 또한 해피하지 아니한가.

아이와 노는 시간이라고 쓰고, 전공 적합성 활동이라고 읽는 해피타임! 오늘부터 당장 실행해보자.

해피타임 예시

요일	해피타임 활동	분류
월요일	종이접기	만들기
화요일	축구 선수 스크랩하기	조사하기
수요일	일기 쓰기	쓰기
목요일	로봇 관련 책 읽기	읽기
금요일	레고 만들기	만들기
토요일	활동 보고서 쓰기 (영어/한글)	쓰기
일요일	이번 주 정리하고 다음주 계획 짜기	계획하기

내 아이의 마음을 어루만지는 감정 코칭

엄마는 아이의 꿈을 찾아주는 길잡이어야 한다는 이야기를 종종 했다. 많은 엄마가 여기서 말하는 꿈을 직업으로 오해하곤 한다. "의사 될래? 뭐 될래?", "넌 꿈이 뭐야? 나중에 뭐해서 먹고 살 거야?"라는 식의 질문으로 아이를 다그치는 경우도 있다. 그러나 아이의 직업을 함부로 제시하거나 미리 결정하는 것은 어리석은 짓이다. 초등학생 아이가 자라서 직업을 갖기까지 10년 이상의 시간이 필요하다. 그 세월 동안 직업은 수없이 변화한다는 것을 알아야 한다. 과거에 없던 신생 직업이 생기기도 하고 예전엔 많은 사람이 선호했던 직업이 쇠퇴하거나 아예 소멸되기도 한다. 또 통합되거나 분화되는 직업도 얼마나 많은가. 현재 유망 직종인 빅데이터 전문가나 가상현실 전문가, 자율주행 자동차 개발자 같은 직업은 10여 년 전만 해도 존재하지 않던 직업이다. 앞으로도 많은 직업이 생겨나고 또 사라질 것이며 이 변화의 바람은 점차 더 빠르게 불어올 것이다. 인간이 실행하던 많은 것을 인공지능이 대체하는 세상이 왔다. 인공지능 기술은 의료, 금융 분야에서는 이미 인간을 뛰어넘는 실적을 거뒀다. 단순하고 반복적인 역할뿐 아니라 추상화를 그리거나 작곡을 하는 등 창의성이 필요한 일마저도 수행하고 있다. 우리 아이가 살아갈 미래는 인공지능과의 경쟁을 피할 수 없을 것이라는 게 전문가들의 전망이다. 이 경쟁에서 이기기 위해서는 인공지능이 따라 할 수 없는, 인간만의 고유 능력을 발굴해야 한다.

인공지능이 대체할 수 없는 인간의 고유한 영역은 무엇일까? 감정이다. 과학자들은 인간의 감정만큼은 여전히 인공지능이 넘볼 수 없다고 말한다. 여러 사람의 다양한 감정이 섞인 미묘한 문제를 풀어내는 것은 아직 인공지능이 대체할 수 없는 일이다.

감정은 인간의 마음에서만 벌어지고 인간의 생각을 발생시킨다. 때로는 감정으로 인해 거대하고 숭고한 행동들이 펼쳐지기도 한다. 이처럼 인간에게 무척 중요한 것이 감정이지만 일상 속에서 이성에 비해 경시되거나 무시당하고 있는 것이 사실이다. 날것의 감정을 드러내면 성숙하지 않다고 평가받으며, 잘 숨기고 억제하는 것을 미덕으로 생각한다. 그러나 실상은 그렇지 않다. 감정을 억누르기만 하면 결국 병이 된다. 감정을 정확하게 알고 잘 표현할 줄 아는 사람은 결국 그것을 조절할 수 있는 능력을 익히고, 자신과 공동체에 건강을 가져온다는 것을 우린 경험을 통해 알고 있지 않은가. 하지만 내 감정을 바라보는 상황은 언제나 낯설고 표현은 서툴다.

어른들 중에서도 감정을 정확하게 표현할 줄 아는 사람은 드물다. 부정적인 일을 겪어도 '열 받아', '짜증 나'가 표현의 전부다. '억울하다', '마음 아프다', '비참하다', '분하다', '두렵다', '수치스럽다', '괴롭다', '화난다', '신경질 난다', '원망스럽다' 등 부정적인 감정을 나타내는 단어는 수없이 많다. 내 마음을 정확하게 표현할 단어를 찾아 말해보면 어떨까? 감정을 부끄러워하거나 숨기지 말고 당당하게 표현하는 것이 바로 소통의 시작이다.

남편에게도 마찬가지다. 현재의 내 감정을 어련히 알아주겠거니 기대하지 말고 당당하게 표현해보자.

"여보, 나 오늘 좀 기분이 나빠."

"내가 오늘 좀 기분이 우울하네. 집에 올 때 프리지어 꽃 만 원어치만 사다줘."

소통은 도전이고 연습이다. 하다 보면 더 세련되고 정확하게 나를 표현하는 방법을 찾을 수 있을 것이다.

아이들도 마찬가지다. 어른도 자신의 감정을 잘 모르는 데 언어적으로 미성숙한 아이들에겐 더욱 어렵지 않겠는가. 이 또한 엄마의 도움을 받아 개발해야 하는 능력이다. 신체 능력, 예술 능력, 자연탐구 능력처럼 의사소통도 능력이다. 표현 능력에만 그치는 것이 아니다. 상대에게 명확히 전달하는 능력, 표현 후 반응을 읽어내는 능력, 소통 중 발생하는 나쁜 감정을 해소하는 능력, 타인의 말을 경청하는 능력, 공감을 통해 상대에게 좋은 감정을 불러일으키고 그것을 통해 긍정적인 협업 효과를 끌어내는 능력까지 모두 감정과 연결된 주요한 능력이다. 평소에 아이와 대화할 때 얼마나 자주, 얼마나 깊게 감정에 대해 이야기했는지 생각해보자. 이따금씩 아이는 어른들이 깜짝 놀랄 정도로 왕성한 표현력을 보여준다. 그때 그냥 '애는 별 말을 다 해' 하며 웃으며 넘어가지는 않았는가?

"엄마, 나 쓸쓸해."

"그래? 우리 ○○, 쓸쓸해? 쓸쓸한 게 어떤 느낌인데?"

"그냥, 잘 모르겠어."

"으응, 쓸쓸한 거는 외롭고 적적한 거야. 혼자 있을 때 그런 느낌이 들어. 엄마가 ○○만큼 어렸을 때 쓸쓸한 적이 있었어. 낮잠을 자고 눈을 딱 떴는데 할머니가 없었어. 그때 너무 쓸쓸하고 외로워서 막 울었다. 그랬더니 할머니가 달려와서 엄마한테 사탕을 줬어. 그리고 엄마를 안아줬지. 그래서 쓸쓸한 마음이 없어졌어."

"엄마, 나도 안 쓸쓸하고 싶어."

"그래? 그럼 어떻게 할까? 엄마랑 같이 그림책 볼까? 친구랑 놀까?"

"응! 나 엄마랑 그림책 볼래요."

감정 코칭은 교육계에서 중요하게 다루는 영역으로 관련 교재와 교구의 종류, 그 양만 해도 어마어마하다. 전문 자료를 사용해도 좋지만 엄마와 함께 손쉽게 만들어서 훈련할 수 있는 '감정 카드(p.136)'를 소개한다.

인간의 감정을 표현할 수 있는 다양한 단어를 카드에 적어보자. 이렇게 만든 감정 카드 중에서 한 장을 선택해 단어의 뜻을 말해보게 한다. 간단한 작업이지만 여러 번 반복하면 소통 능력뿐 아니라 정서 자체에도 도움이 된다. 여기에 그치지 않고 그 단어의 정확한 의미를 사전에서 찾아 읽어주면 더 좋다. 나아가서는 단어를 넣은 짧은 글짓기를 하거나 그림으로 표현 하도록 한다.

감정을 소홀히 여기면 안 된다. 어른들도 부정적인 감정을 하찮게 여기고 내버려두다가 나중에 마음의 병이 깊어져 일상생활을 영위하지 못하는 경우가 많지 않은가. 아이가 부정적인 감정을 느낄 때, 그것을 스스로 통제할 수 없어서 괴로워할 때, 절대 홀로 내버려두지 말자. 아이의 울음을 기다려주고 쓰다듬어주고, 그 감정을 고요하게 바라보며 지탱해주는 누군가가 곁에 있어야 한다. 바로 엄마다.

감정 표현 놀이법

- ## 감정 표현 놀이 방법

  준비물: 감정 카드, 사전, 필기구, 스케치북

  ① 감정 카드를 만든다.

  ② 카드 한 장을 집어 단어의 뜻을 말한다.

  ③ 사전을 찾아 정확한 뜻을 읽어본다.

  ④ 해당 단어를 넣어 짧은 글짓기나 사례를 말해본다.

  ⑤ 그림으로 표현해보는 것도 좋다.

- ## 감정 표현 놀이의 예시

단어	단어 뜻 찾기	짧은 글짓기 & 사례 말하기
후련하다	답답하거나 갑갑하던 것이 풀려 마음이 시원하다.	"어려운 문제였는데 내가 풀었어. 속이 후련해."
포근하다	감정이나 분위기가 보드랍고 따뜻하며 편안한 느낌이 있다.	"엄마 품은 역시 포근해. 난 엄마가 진짜 좋아."
뿌듯하다	기쁨이나 감격이 마음에 가득 차서 벅차다.	"엄마, 드디어 영어책 다 읽었어요. 마음이 뿌듯해요."
섭섭하다	없어지는 것이 애틋하고 아깝다.	"친구가 전학을 간대요. 너무 섭섭해요."
속상하다	화가 나거나 걱정이 되어 마음이 불편하고 우울하다.	"친구가 준 소중한 물건이 깨졌어요. 속상해요."
쓸쓸하다	외롭고 적적하다.	"요즘 학교에 못 가서 친구들을 못 만나니 쓸쓸해요."

• 감정 카드 예시

화난다	불안하다	싫다	걱정된다	창피하다	밉다	원망스럽다
외롭다	무섭다	당황스럽다	지루하다	미안하다	짜증 난다	고통스럽다
억울하다	서럽다	우울하다	신경질 난다	괴롭다	죽고 싶다	날아갈 듯하다
섭섭하다	기대된다	어이없다	수치스럽다	즐겁다	두렵다	슬프다
놀랍다	사랑스럽다	재미있다	기쁘다	행복하다	부럽다	후련하다
희망차다	흥미롭다	통쾌하다	다행이다	감격스럽다	안정되다	평화롭다
괜찮다	든든하다	미안하다	얄밉다	불편하다	뭉클하다	울적하다
곤란하다	신난다	부담스럽다	상쾌하다	답답하다	뿌듯하다	어리둥절하다
실망스럽다	긴장된다	겁난다	복수심을 느끼다	막막하다	모욕감을 느끼다	혼란스럽다
잔혹하다	절망적이다	당혹스럽다	좌절감을 느끼다	질투 난다	흥분된다	의기소침하다
고독하다	불쾌하다	위선적이다	경멸스럽다	성급하다	쓸쓸하다	무기력하다
정답다	거부당한 느낌이다	쌀쌀맞다	서운하다	수줍다	온화하다	불안정하다
격분하다	고무적이다	포근하다	자랑스럽다	자신 있다	황홀하다	자포자기하다
홀가분하다	흐뭇하다	후련하다	자유롭다	눈물겹다	좋다	무가치하다
가혹하다	꼴사납다	골치 아프다	괘씸하다	섬뜩하다	구역질 난다	환상적이다
기가 막히다	배신감을 느끼다	속상하다	분개하다	북받치다	숨 막힌다	분통 터지다
쓰라리다	씁쓸하다	약이 오르다	감미롭다	고요하다	담담하다	애틋하다
묘하다	흡족하다	화끈거리다	호감이 간다	찝찝하다	당혹스럽다	만족스럽다

아이 상황과 기질에 따라
접근하기

아이는 고유한 하나의 존재다. 세상 그 누구와도 같지 않은 독립적인 인격체다. 제아무리 좋은 양육법과 공부법이 있다고 해도 내 아이와 맞지 않으면 무용지물. 엄마는 세심하게 아이를 살피고 특징을 발견해야 한다. 또, 타고난 고유성이 아름답게 꽃필 수 있도록 도와줘야 한다. 성장하는 과정에서 자연스럽게 부딪히는 사춘기도 시기적 특성과 상태를 이해하면 슬기롭게 극복할 수 있다.

아이의 성격, 궁금한가요?

최근 한 예능프로그램에서 출연자들의 성격유형 검사(MBTI)가 방송된 이후, 성격과 기질이 갑작스레 핫 이슈로 떠올랐다. 방송에서 봐온 익숙하고 친근한 캐릭터들의 각자 다른 점을 명확하게 표현해주는 이론적인 문장에 많은 사람이 쾌감을 느낀 것 같다. 엄마들 사이에서도 단톡방을 통해 간단한 인터넷 성격 테스트가 돌기도 하고, 검사 결과를 서로 공유하면서 "맞아, 맞아!", "맞아, 나 이런 사람이야", "그래, 언니는 이렇더라" 하며 즐거운 대화가 오가기도 했다.

MBTI 검사는 자가 진단의 성격을 띠고 있어 100퍼센트 신뢰하기 어렵고, 온라인에서 무료로 떠도는 간소화된 성격 유형 검사는 정확도가 더욱 떨어진다. 하지만 대부분의 사람들은 결과에 고개를 끄덕이며 "맞아, 맞아. 이게 나야" 하며 동의하곤 한다.

이런 현상과 관련된 재미있는 실험이 있다. 1948년 미국의 심리학자 버트럼 포러가 자신의 학생들을 대상으로 성격 테스트를 한 후 테스트와는 아무 상관없는 결과지를 나눠주었다. 결과지에는 '당신은 외향적이면서도 수줍음이 많으며 사랑과 존경을 받고자 하는 강한 욕구가 있습니다. 당신 내면에는 아직 표현하지 않은 에너지가 잠재되어 있습니다'처럼 누구에게나 적용되는 일반적인 문장이 쓰여 있었다. 그런데 학생들 모두 본인의 성격과 정확하게 일치한다고 대답했다고 한다.

이처럼 보편적인 특성을 자신만의 것인 양 받아들이는 경향을 '포러 효과' 혹은 '바넘 효과'라고 말한다. 과거에 유행한 혈액형별 성격 분류나 별자리 운세가 가까운 예시가 될 것이다.

사람들은 왜 정확도와는 상관없이 자신의 성격이나 유형을 분류하고 싶어 할까? 나도 잘 모르는 나, 말로 설명하기 어려운 나에 대해 누군가가 정확하게 표현해주기를, 그리고 나의 본성이 일정한 카테고리 안에 소속되기를 바라는 것은 어쩌면 기본적인 인간의 욕망이 아닐까?

실제로 사람마다 성격이 다르고, 그 성격은 선천적인 환경에 영향을 받고 평생 바뀌지 않는다. 아마 둘 이상의 아이를 키워본 부모는 이해할 것이다. 갓난아이 때부터 예민한 기질, 순한 기질, 느린 기질 등 아이마다 특징이 다르고 대체로 그 기질에 맞게 성장한다는 것을 말이다.

인지심리학자들은 성격을 개인과 다른 사람을 구별 짓는 독특한 특성이라고 정의하고, 시간의 흐름과는 상관없는 일관적인 행동 패턴이라고 명명한다.

내 아이의 기질이나 성격이 궁금하다면 전문 기관에서 테스트를 받아보는 것도 나쁘지 않다. 사실 아이가 어린 경우엔 검사지에 쓰인 어휘나 문장 자체를 이해하지 못해 정확한 답을 못하는 경우도 많기 때문에 결과를 무조건적으로 맹신하는 태도는 피하는 것이 좋다. 어떤 유형에 해당하는지에 집중하기보다 부모가 먼저 성격 측정의 지표에 대해 충분히 인식하고 아이를 관찰하길 바란다. 개방성, 성실성, 외향성, 친화성, 신경성 등 성격의 기본 요소를 잘 이해하고 있다면 도움이 될 것이다.

엄마가 아이 성격에 대해 공부하는 이유는 자신과 아이가 얼마나 다른 존재인지 깨닫기 위해서다. 각자가 다르다는 것을 인정하는 것이 모든 관계의 핵심이기 때문이다.

절대 아이의 성격을 고치거나 바꾸려고 해서는 안 된다. 내성적인 아이를 외향적으로 바꾸겠다고 억지로 사람들 앞에 세우거나 해병대 캠프에 보내면 아이의 성격이 바뀌기는커녕 본인의 성격을 부정하고 스스로를 미워하게 될 뿐이다.

성격 유형 검사 결과지의 문장들을 생각해 보자. 좋은 성격과 나쁜 성격을 규정짓지 않고, 모든 유형을 매력 있고 중요한 존재로 묘사한다. 객관적으로 서술하면서도 긍정적인 발전 방향을 짚어준다. 그 결과가 비록 정확하지 않더라도 읽는 이는 일종의 안도감을 얻지 않는가? 아이를 바라보는 부모의 태도도 그러하길 바란다. 어떤 성격이든 좋게 보고, 긍정적으로 해석하며, 발전할 수 있는 방향을 제시해주면 좋겠다.

엄마와 아이가 부딪치는 이유는 사실 성격의 차이가 아니라 속도의 차이인 경우가 많다. 엄마의 속도는 이미 마무리에 접어들었는데 아이는 막 시작하려 하고, 엄마는 달리는 데 아이는 출발도 못 하고 있다. 더 빠르게 성장하고, 더 빠르게 학습 효과가 나오길 기대하는 엄마는 답답한 아이 때문에 안달한다. 하지만 너무 걱정하지 말자. 천천히 가는 아이도 있고, 빨리 가는 아이도 있다. 인생은 길고 도착 지점은 아직도 한참 남았다. 아이가 모든 준비를 마친 후, 날개를 달고 비상하는 그날을 기다려주자.

기질에 따른 공부법

아이의 성격과 기질을 분류하는 검사는 종류도 많고 목적하는 바도 다르다.

최근 가장 인기 있는 MBTI는 '에너지의 사용', '정보의 인식', '의사 결정 방법', '라이프스타일'에 따라 각각 두 가지 상반된 유형으로 나누고, 각각을 조합해 총 16가지 성격 유형으로 인간의 특성을 정리해 놓은 것이다. 진로나 직업 설계 등 성장의 도구로 활용한다.

성격을 아홉 가지 유형으로 나누는 '에니어그램'도 있다. 주로 행동의 동기에 주목하고 자신의 약점이나 집착을 통해 유형을 판단하기 때문에 개인의 성숙과 인간관계를 이해하는 도구로 쓰인다.

청소년기 진로 탐색을 위해 많이 사용하는 '홀랜드 검사'는 여섯 가지 직업 유형을 성격과 흥미를 기반으로 분석한 것으로 직업 정보를 알아보거나 구체적인 구직 활동을 계획하는 데 도움을 준다.

그 외에도 '다중지능 검사'나 '명리적성 검사' 등 아이의 기질을 파악하는 다양한 성격 유형 분류와 검사가 있다. 이러한 성격 유형 분류의 기본은 인간은 다르다는 것, 그리고 그 자체로 모두 장단점이 있다는 것이다.

그중에서도 《엄마주도학습》을 통해 소개한 아이들의 네 가지 성향에 대해 짚어보고자 한다. 아동의 일상적인 태도나 학습 성향에 따라 크게 네 가지 종류로 나눴다. 선천적인 성격적 기질을 전제로 하지만 외부로 표출된 행동 양식에 따른 분류이므로 충분히 성장에 따라 변화 가능한 유형 분류다.

① 활동형 아이
에너지가 충만하고 운동과 친구를 좋아한다. 목표와 동기가 중요하고 학습 흥미를 유지해야 하며 경쟁심과 관심을 필요로 한다.

가장 건강한 아이, 아이다운 아이라고 볼 수 있다. 물론 엄마는 진지했으면 하는 순간에도 장난을 치는 모습에 약이 오를 때도 있다. 활동형 아이의 학습 능률을 높이는 중요한 포인트는 바로 동기부여다. 경쟁에서 이긴다거나 칭찬을 받는 등 눈에 보이는 구체적인 목표가 있으면 공부도 즐겨하는 유형이다.

그러나 집중력이 부족하다는 한계도 있다. 중간중간 적절히 쉬는 시간을 갖고, 한 과목만 꾸준히 공부하기보다는 흥미 있는 여러 과목을 번갈아가며 공부하는 것이 도움이 된다.

② 산만형 아이

활동형 아이의 에너지가 행동으로 나타난다면, 산만형 아이는 호기심으로 나타난다. 이 아이들의 특징은 행동이 산만할 뿐 아니라 생각도 많다는 것이다. 한 가지 생각에 오래 머물기보다는 바뀌는 주변환경의 영향을 받는다. "엄마 있잖아요, 내가 오다가 고양이를 봤는데요, 어? 저거 뭐지? 엄마, 도마 새로 샀어요?" 대화를 할 때도 주제가 순식간에 이쪽저쪽을 넘나든다. 책상에 오래 앉아 있다고 해도 실제 공부 양이 많은지 가늠하기 어렵다. 지켜보는 엄마로서는 불안하기 짝이 없을 것이다. 그렇다고 해서 청학동 같은 곳에 보낸다거나 가둬 놓고 공부를 시키는 소위 '자물쇠 반' 같은 학원에 보내는 것은 반대다. 오히려 아이가 좋아하는 것 위주로 시켜보자. 슬슬 집중도가 높아질 것이다. 아이가 무엇을 좋아하는지 파악하려면 엄마가 세심하게 관찰해야 한다. 어느 순간에 아이의 눈이 반짝거리는지, 어떤 부분에서 집중력이 높아지는지 살펴보자.

산만형 아이의 경우 공부할 수 있는 환경을 조성하는 것이 무척 중요하다. 아이에게 공부를 하라고 시켜 놓고 아빠는 TV를 보고 엄마는 전화 통화를 한다면 절대 집중하지 못할 것이다. 세상만사에 레이더를 켜 놓고 관여하고 싶어 하는 아이일수록 환경을 단순하고 차분하게 제어해줄 필요가 있다.

③ 규칙형 아이

성실하게 규칙을 준수한다. 부모의 말에 크게 거역하지 않고 꾸준히 해야 하는 일을 한다. 엄마들이 원하는 모범생의 모습이지만 고지식하고 융통성이 부족하다는 약점이 있으니 이 또한 확인하고 보완해줘야 한다. 자칫 잘못하면 정해진 길로만 가고, 더 넓고 깊게 가는 것을 피할 수도 있다. 실패에 대한 두려움 때문에 도전을 싫어하고 문제 해결을 회피하기도 한다. 엄마가 지나치게 결과를 중요하게 여기고 좋은 결과에 대한 칭찬만 반복하면 이런 현상이 나오는 경우가 많다. 결과가 안 좋더라도 과정을 칭찬하고 새로운 것에 도전할 수 있게 용기를 북돋워 줘야 한다.

④ 탐구형 아이

호기심이 왕성하고 자기가 좋아하는 주제에 대해 질문이 끊이지 않는 유형이다. 과목에 대해서도 호불호가 나뉘는 데, 주로 이과형인 경우가 많다. 탐구 능력이 뛰어나기 때문에 학습을 좋아하고 효과도 크게 나타나는 편이다. 그러나 본인이 좋아하는 과목만 파고드는 경향이 있다. 독보적인 두뇌를 지닌 천재라면 상관이 없지만 일반적인 수준의 아이라면 수능을 봐서 대입 준비를 해야 하므로 전 과목에 신경을 써야 한다. 수학을 공부하는 중간중간 사회를 공부할 시간을 샌드위치처럼 끼워넣기 식으로 싫어하는 과목도 공부할 수 있도록 도와줘야 한다. 엄마가 먼저 "하기 싫으면 안 해도 돼"라는 식의 말을 하는 경우도 많은데 아이에게 부정적인 영향을 줄 수 있으니 조심하자. 요즘 입시 트렌드에서 원하는 인재는 '통섭형, 융합형 인재'이다.

앞서 말했듯이 아이들은 변화한다. 올바르지 않은 행동 특성이 고착화되지 않도록 지켜봐주는 지혜가 필요하다. 아이를 관찰하고 인정해주자. 부족한 점을 보완해 긍정적인 방향으로 이끌어줄 때 부모와 아이 모두 발전할 수 있을 것이다.

사춘기, 그것이 알고 싶다

내 아이의 성격도, 기질도, 행동 양식도 어느 정도 파악했다고 생각했는데 갑작스럽게 아이가 달라지는 계기가 찾아온다. '정말 내 아이 맞나?' 싶을 정도로 모질고 과격하며 때로는 무섭다. 다정하게 엄마에게 붙어서 온종일 있던 일들을 종알대던 아이가 조용히 방문을 닫는 순간, 엄마의 마음에도 서운함과 배신감이 찾아온다. 많은 엄마가 두려워하는 그것, 바로 사춘기다.

과거에는 초등 고학년~중학교 시기에 주로 사춘기가 시작됐지만 점차 사춘기 시기도 빨라지고 있다. 식생활이 변화하면서 아이들의 신체가 빠르게 성장한 덕이다. 여자아이들의 경우에는 평균 초경 시기가 점점 앞당겨져 초등학교 4학년 때 생리를 시작하는 경우가 많아졌다. 또한 인터넷과 방송 등을 통해 아이들이 접촉하고 이해할 수 있는 지식이 많아졌고 성인의 문화에 더 빨리 흡수되고 있다.

아이에 따라 사춘기는 다양한 형태로 찾아온다. 시기도 다르고 표현 방식도 다르다. 엄마들은 아이의 사춘기를 부정적으로만 볼 게 아니라 손뼉 치며 축하해줘야 한다. 성인으로 향하는 관문이고, 부모의 울타리를 벗어나 스스로 독립을 추구하는 존재로 성장했다는 증거이기 때문이다.

과거 아이가 어렸을 땐 본능적 욕구만 충족하면 됐지만 사춘기 이후에는 자아실현 욕구가 강해진다. 사회적 소속감도 강해지므로 교우 관계가 중요해지고 또래 집단에 집착하게 된다.

사춘기 시기의 뇌는 변한다. 감정 중심으로 흐르고 무척 예민해진다. 남자아이는 테스토스테론이라는 호르몬이 증가하고, 여자아이는 에스트로겐이라는 호르몬이 증가하는데 이로 인해 즉각적이고 강렬한 감정을 처리하는 편도체가 발달하게 된다.

문제는 뇌의 여러 영역이 고르게 발달하지 않는다는 것이다. 감정적인 반응을 조절하는 부위에 비해 인지적 사고를 담당하는 부위는 천천히 발달한다. 그렇기 때문에 감정과 인지의 불균형으로 인한 혼란을 경험하게 된다.

우울하고 부정적인 감정에 휩싸이는 것도 같은 이유 때문이다. 무심코 던진 한마디에 아이가 버럭 화를 내거나 눈물을 흘리는 경우가 많은데 격한 반응에 너무 놀라거나 같이 분노하지 말자. 이 모든 것이 뇌의 변화에 의한 자연스러운 현상이기 때문이다.

조울증 환자처럼 감정은 널뛰기하고, 또래 집단 내의 평가에 목숨을 거는 것이 사춘기의 특징이다. 그러나 부모들은 속이 탄 나머지 아이의 행동을 잡겠다고 무지막지하게 야단을 치기도 하고, 과외나 학원을 몇 개씩 등록하며 통제하려고 하다 보니 갈등이 발생한다. 아이 방 문고리를 아예 빼놓거나, 천장 조명과 침대 매트리스가 고장 난 흔적이 남아 있는 집들이 있는데 이 집 아이의 사춘기가 얼마나 극렬했는지 짐작하게 해준다.

감정이 나빠졌을 때 그대로 부딪치는 것은 피하자. 나도 모르는 사이에 아이에게 심한 말을 할 수도 있다. 아이의 존재 자체를 부정하거나 협박하거나 비난하는 말이 나온다면 이미 상처받은 아이의 마음에 소금을 끼얹는 격이다. 자녀의 감정 상태에 너무 민감하게 반응하지 말고 푹 재우고, 건강하게 쉴 수 있도록 기다려주는 것이 엄마의 역할이다.

단, 아이가 사춘기를 무기로 무리한 요구를 한다면 정중하게 거절해야 한다. 신체를 훼손하거나 타인에게 피해를 주거나 가족 질서를 어지럽히면 단호하게 안 된다고 말해야 한다. 이때 체벌이나 무력은 금물이다. 거절을 하는 순간에도 부모에게 사랑받고 존중받는 느낌을 가질 수 있도록 하자. 사춘기를 무사히 거치면 좋은 어른으로 성장한다. 평소 가족 간 유대감이 끈끈하면 아이는 결코 위험한 길로 빠지지 않을 것이다.

사춘기 아들딸, 이렇게 접근하자

사춘기는 아이마다 다 다르게 나타난다. 내 경우엔 아들과 딸의 사춘기를 모두 경험해봤다. 둘은 정말 달랐다. 아들은 잠도 많이 자고 신체적으로 많은 변화가 일어나는 게 눈에 보였고 감정 표현 또한 격해졌다. 딸은 내적으로 스트레스를 많이 받았고 친구 관계 문제에 특별히 예민했다. 이것은 성별에 따른 차이라기보다는 케이스 바이 케이스가 아닌가 싶다. 아마 많은 엄마들이 예전과 달라진 아들딸의 모습에 이런저런 생각으로 머리가 복잡할 것이다.

아들 엄마들은 흔히 이런 고민을 한다.

'어머, 쟤 저렇게 잠만 자다가 공부 못하게 되는 거 아니야?'

'왜 저렇게 많이 먹어. 살은 또 얼마나 찌려고.'

'벌써 여자한테 관심이 저리 많아서 공부는 어쩌려고 저러나.'

'어떨 땐 애기가 따로 없고 어떨 땐 다 큰 것처럼 허세 떨고, 정말 불안해서 못 살겠다.'

'저걸 그냥 해병대 캠프나 보내 버릴까? 국토 종단이나 시켜 버려?'

'다 좋으니까 제발 집만 나가지 마라.'

한편 딸 가진 엄마들은 이런 생각이 든다.
'쟤 정말 내 딸 맞아?'
'아니, 눈을 왜 저렇게 뜨는 거야? 사람을 똑바로 쳐다보질 않네.'
'샤워를 뭐 이렇게 오래 해? 앞머리는 건드리기만 해도 난리네.'
'무슨 여자애 방이 돼지우리가 따로 없네. 누가 알까 무섭다.'
'뭐 저런 연예인이 좋다고 난리냐. 보는 눈 하고는……'

아이마다 조금씩 다르긴 해도 아마 비슷한 고민들을 할 것이다. 사춘기 아들을 둔 엄마들은 아이가 너무 많이 자니까 죽은 건 아닌지 걱정될 정도라고 한다. 나 또한 18시간이 지나도 일어날 생각을 안 하는 아들 코에 손가락을 대어 숨을 쉬는지 확인해볼 정도였다. 딸을 둔 엄마들은 같은 편이라고 생각한 딸의 변화에 상처를 많이 받는다. 여자아이들은 말수가 적어진 대신 눈빛에 많은 것을 담는다. 허락 없이 방문을 열기만 해도 경멸하는 눈으로 째려보기 일쑤다. 가장 좋은 친구였던 엄마를 등한시하고 친구에게 푹 빠져 지낸다. 공부도, 쇼핑도, 모든 것을 친구와 함께하고 공유한다. 그들만의 문화, 그들만의 취향에 엄마가 낄 자리는 없다. 하다못해 음식 조리법까지도 편의점 제품을 조합해 특이한 메뉴를 만들어 즐긴다.

사춘기 아이 때문에 미치겠다는 엄마들에게 나는 이런 얘기를 해주곤 한다. 사춘기 아들은 사위처럼 대하고, 딸은 며느리처럼 대하라고.

장모가 사위를 어떻게 대하는지 잘 생각해보자. 일단 집에 오면 잘 먹인다. 맛있는 음식을 차려서 대접하는 것은 기본이다. 사위가 피곤해 보이면 이불을 깔아주고 자라고 한다. 제대로 먹이고 푹 재웠으면 가끔 써먹어도 된다. 힘쓰는 일이 필요할 때는 사위를 시킨다. 자기 컨디션이 괜찮으니 군말 없이 도와줄 것이다. 사위와 오래 대화하는 것은 역시 어색하다. 꼭 필요한 말 아니면 가급적 피하는 것이 좋다. 사위 대하듯 아들을 대하면 마음 졸일 일이 뭐 있겠나?

딸도 마찬가지다. 멀리서 며느리가 왔다고 생각하자. 며느리가 예쁘다며 바리바리 선물을 준비하는 시어머니들도 있지만 알지 않는가? 요즘 며느리들은 용돈을 더 좋아한다. 환심을 사고 싶으면 용돈을 주자. 그러나 명심할 것이 있다. 용돈을 줬다고 절대 친해지는 것은 아니다. 시어머니가 본인의 취향을 강요하면 며느리들이 싫어하듯 딸에게도 엄마의 취향을 강요하지 말자. 자기가 좋아하는 것을 좋아하고, 선택하고 싶은 것을 선택할 수 있게 해줘야 한다. 마지막으로 명심해야 할 한 가지. 며느리는 딸이 아니다. 딸이 사춘기를 겪고 있는 동안은 잠시 남이라고 생각하고 멀찍이서 바라보자.

이쯤 되면 어렸을 때 듣던 친정엄마의 악담이 생각난다. "어디 너랑 똑같은 아이 낳아서 키워봐!" 그 옛날 듣고 넘긴 소리가 현실로 다가온 것이다. 생각해보면 우리도 다 이렇게 컸다. 자다가도 이불을 발로 걷어차고 싶던 흑역사를 딛고 지금 이렇게 어른으로 성장한 것이다.

나의 과거를 만나는 마음으로 아이들의 성장을 지켜봐주면 어떨까?

사춘기, 이것만 기억하기

아이들은 지금 아프게 성장하는 중이다. 엄마는 이 성장통이 부디 무탈하게 넘어가기를, 아이와 가족에게 너무 큰 피해가 없기를 바란다. 문제라도 발생할까 조마조마한 마음에 괜히 아이에게 엄격해지기도 하고 비굴해지기도 한다. 사춘기 아이를 대하는 엄마들을 돕기 위해 간단한 규칙을 정리해보았다.

① 요구와 욕구를 구별하자

사춘기를 겪느라 발생하는 신체적, 정신적 욕구는 자연스러운 것이다. 눈감아주고, 못 본 체하고, 기다려주는 것이 좋다. 잠도 많이 재우고 감정의 변화에도 관대해지자. 그러나 사춘기를 빙자한 슈퍼 갑질은 안 된다. 집안에 최소한의 규칙은 정하고 지키는 것이 좋다. 부모님이 외출하고 돌아오면 인사하는 건 기본이다. 화가 난다고 문을 '쾅' 닫거나 발을 '쿵쿵' 구르며 걷는 것은 안 된다. 버릇없게 구는 것은 사춘기 욕구와는 상관없다. 이 사실을 알려주고 지킬 수 있도록 하자.

② 자녀의 감정 변화에 휘둘리지 말자

사춘기의 감정은 롤러코스터를 탄 것처럼 변화무쌍하다. 어느 날은 엄마에게 애교를 떨었다가 또 어느 날은 언제 그랬냐는 듯 찬바람이 쌩쌩 분다. 이런 변화에 괜히 휘둘려서 상처받지 말자. 일단 엄마가 먼저 말을 걸거나 억지로 친한 척할 필요 없다. 외출하고 돌아오는 아이에게 버선발로 뛰어나가 잘 다녀왔는지, 오늘은 뭘 했는지 묻지 말자. 가볍게 눈인사로 "어, 왔니?" 정도면 충분하다. 아이는 필요하면 엄마를 찾는다. 그때 밝게 응대하면 된다. "아깐 그렇게 성질을 부리더니 필요할 때만 부르냐?" 하고 대거리할 필요도 없다. 부르면 대답하고 배고프다고 하면 밥을 주자. 살갑게 다가왔다 별안간 신경질을 내더라도 너무 섭섭해 하지 말아야 한다. 아이가 변덕스러운 것이 아니라 호르몬이 변덕스러운 것이다.

③ 부부가 완전히 합의해야 한다

아이가 사춘기를 건강하게 보내기 위해서는 아빠의 역할이 꼭 필요하다. 특히 아들이 거칠게 나올 경우에는 엄마 혼자 감당하기 어려운 부분이 있다. 엄마를 무시하거나 예의 없는 행동을 할 때, 아빠가 나서서 자녀를 야단쳐야 하는 상황이 온다. 이때 부부는 완전히 한 팀으로 똘똘 뭉쳐야 한다. 감정적으로 폭발하면 사이도 나빠지고 권위도 잃는다. 야단치기 전에 부부가 전략적으로 작전을 짜면 좋겠다. 야단의 방식과 목적에 대해 꼭 사전 합의할 것. 아이를 힘으로 누르거나 잡으려고 하지 말고, 엇나가기 쉬운 상황이니 다치지 않게 보호하기 위함이다. 감정을 다스려야 메시지를 정확하게 전달할 수 있다.

④ 아무리 미워도 밥은 줘야 한다

아무리 눈을 흘기고 버릇없이 굴며 집안 분위기를 엉망으로 만드는 얄미운 아이일지라도 "엄마 배고파" 하는 순간에 엄마는 "그래, 뭐 줄까?"가 나와야 한다. 조금 전까지 철천지원수처럼 소리 지르고 싸웠더라도 때가 되면 함께 밥을 먹는 게 식구고 가족이다. 사춘기 때 좋아하는 음식으로 충분히 먹어야 허기도 가시고 격한 감정도 정리된다. 엄마도 밥을 짓고 국을 끓이면서 생각을 정리할 수 있다. 엄마는 둥지다. 작은 생명체는 자기 둥지에서 밥을 먹고 잠을 자며 성장한다. 아이의 행동이 마음에 안 들어도 끝까지 기다려주자. 심리적으로 힘들 때, 신체적으로 허기질 때, 늘 그 자리에서 기다려주는 엄마가 있다면 아이는 방황을 끝내고 돌아온다. 따뜻한 밥 한 끼로 사춘기 아이의 다정한 공간이 되어주자.

나는 어떤 엄마가 될 것인가?

거울을 보며 한번 생각해보자.

'나는 행복한가?'

'나는 엄마로서 행복한가?'

'나는 어떤 엄마인가?'

물론 아이가 있다는 사실만으로 너무도 행복한 날이 있을 것이고 존재 자체가 스트레스로 여겨지는 날도 있을 것이다. 아기를 낳기 전에는 앞으로 태어날 내 아기가 천사일 줄만 알았고 아기가 말을 시작할 땐 천재인 줄만 알았다. 그러나 막상 키워보니 아이는 천사도 아니고 천재도 아니다. 마냥 숭고하고 아름다워 보였던 엄마의 역할도 만만치가 않다. 때때로 너무 힘들어서 포기하고 싶은 순간도 불쑥불쑥 찾아온다. 그러나 어찌하겠는가. 아이를 낳았고 엄마가 됐으니, 어떤 엄마가 될 것인지도 함께 고민해야 하지 않을까?

나 또한 수없이 스스로에게 질문하고 생각했다. 지금은 자랑스럽게 장성해 사람들이 부러워하는 아들과 딸이지만 키우는 내내 힘든 일이 한두 가지가 아니었다. 아이가 두려워하고 불안해 할 때, 실패한 후에 자신감이 꺾였을 때, 그 순간 엄마인 나에게 스스로가 제시한 길이 있다.

'둥지 같은 엄마, 존경할 수 있는 엄마, 믿고 따를 수 있는 엄마.'

내가 생각한 엄마의 길은 이렇게 세 가지다.

둥지 같은 엄마는 앞에서 여러 차례 이야기했다. 항상 그 자리에 있는 엄마, 밥을 차려주는 엄마, 아이를 존중하고 성장을 도와주는 엄마를 뜻한다. 둥지 같은 엄마는 자녀의 실패를 두려워하지 않고 다시 일어나도록 기다려준다. 둥지 같은 엄마는 길잡이 역할을 해준다. 아이가 인생이라는 마라톤 무대에 섰을 때 옆에서 함께 달려주는 페이스메이커인 셈이다. 여기서 중요한 것은 엄마는 절대 선수가 될 수 없다는 것이다. 아이의 인생에서 플레이어는 아이 스스로여야 한다.

존경할 수 있는 엄마는 멋진 엄마를 뜻한다. 물론 엄마가 완벽할 필요는 없다. 그러나 아이가 보았을 때 멋진 구석이 있어야 한다. 평소

예절과 질서를 지켜서 모범을 보여야 하고 집안에도 일정한 규칙이 있어야 한다. 특히 사춘기 자녀의 경우에는 부모의 이중적인 행동을 이해하지 못한다. 자칫하면 엄마를 싫어할 수도 있고 무시할 수도 있다. 기준과 원칙을 갖고 행동하되 아이에게도 공유해주자. 엄마의 기분에 따라서 상과 벌이 바뀌어서는 안 된다. 타인을 존중하듯 아이도 존중해 줘야 한다. 아이의 의견을 잘 듣고 존중해주면 아이의 자존감은 올라간다.

믿고 따를 수 있는 엄마는 제대로 된 조언을 해줄 수 있는 엄마다. 엄마는 아이들보다 먼저 태어났고 그만큼 아는 것도 많다. 괜찮은 선배가 돼주어야 한다. 꿈이 있는 아이는 학습에도 관심이 있고 그만큼 공부에 대해 엄마의 도움을 받고 싶어 하는 경향이 있다. 학원이나 경시대회, 학교 선정 등의 문제에서 아이들도 잘하고 싶고 궁금한 것이 많다. 이때 엄마가 너무 교육에 대해 무관심하거나 정보가 없으면 아이들이 불안해 할 수도 있다. "너희 반 1등한테 학원 어디 다니는지 알아봐"라며 오히려 아이들에게 정보를 물어보는 엄마들도 있다. 엄마가 아이를 잘 파악하고 필요한 것이 무엇인지 알고, 입학 요강도 알아보며 아이와 함께 움직일 수 있어야 한다. 이 과정에서 분명히 실수도 할 수 있고 실패도 할 수 있다. 그러나 힘든 순간 내 옆에 든든한 지원군이 있으면 이겨낼 수 있다. 학교 공부뿐이겠는가? 아이가 어른이 되면 어른이 된 대로 난관에 부딪히는 순간이 온다. 그때 엄마가 삶의 지혜와 해결할 수 있는 팁을 준다면 아이는 또 자신감을 가지고 성장할 것이다.

누구나 저마다 빛나는 날개가 있다. 엄마는 아이의 어깨에 날개를 달아주는 사람이다. 강요하거나 부담을 주고 자율성을 침해하면 아이의 날개는 펼치기도 전에 꺾이고 말 것이다. 둥지 같은 엄마, 존경할 수 있는 엄마, 믿고 따를 수 있는 엄마가 되어 아이가 훨훨 날 수 있게 도와주자. 푸른 하늘과 같은 넓은 세상이 우리 아이들을 기다리고 있다.

내 아이의 사회생활
아이 친구

아이가 자라며 그들만의 인간관계가 시작된다. 엄마가 모르는 부분도 생기고 알아도 모른 척해줘야 하는 부분도 생긴다. 아이에게 또래 집단은 생존과도 같다. 아이가 커서 학교에 들어가게 되면 친구들 관계에서 적응할 수 있을지, 문제를 일으키지는 않을지 걱정이 된다. 친구 관계에서 문제가 발생했을 때 부모가 어떻게 반응하느냐에 따라서 사회성이 발달할 수도 있고, 나빠질 수도 있다.

스트레스의 시작, 초등 생일 파티

아이는 초등학교에 들어가는 순간, 힘겨운 사회생활을 시작한다. 그 모습을 바라보는 엄마들의 고민은 끝이 없다. 집에서 자유분방하게 지내던 아이가 집단의 규칙을 제대로 따를 수 있을지, 친구들 사이에서 독불장군처럼 굴어 미움을 받지는 않을지, 단짝 친구가 생길지 노심초사다. 그러다 보니 1년에 한 번인 아이 생일 파티는 엄마들에게 중요한 행사가 된다. 아이 친구들을 초대해서 친분도 다지고, 그룹 안에서 아이의 입지도 굳힐 수 있는 절호의 기회이기 때문이다. 그날만큼은 주인공이 되는 아이도 잔뜩 들뜨게 마련이다.

문제는 점차 호화스럽게 변질된 파티 문화다. 요즘 아이들의 생일 파티 스케일은 입이 떡 벌어질 정도다. 풍선과 리본으로 화려하게 장소를 꾸미는 것은 기본이고, 초청 마술사의 마술쇼와 레크리에이션이 펼쳐진다. 아예 어린이 생일 파티만을 전문으로 하는 파티 플래너와 케이터링 서비스까지 성행하고 있다. 장소만 해도 누구는 키즈 카페를 대관했느니, 누구는 호텔을 빌렸다느니, 수영장에서 파티를 연다느니 말들이 많다.

생일 파티 문화가 이 정도로 바뀌다 보면 초대를 받은 순간 엄마들의 고민도 시작된다. 장소 대관료, 인당 식비, 행사 진행비 등 파티 주선자가 들인 비용만 해도 어마어마한데, 아이 생일 선물이랍시고 연필 몇 자루를 보낼 수는 없는 노릇 아닌가. 어떤 선물을 사주는 게 예의에 어긋나지 않을지, 아이 옷은 무엇을 입혀서 보내야 수준이 맞을지 머리가 지끈거린다. 애매한 선물을 보냈다간 아이가 잘 놀고 와도 얌체 소리 듣기 딱 좋은 상황이다. 차라리 안 보내면 좋겠는데 기대에 가득 찬 아이를 보니 괜히 미안해진다.

가계 상황이 넉넉하지 못한 경우엔 괜스레 비참해지기도 한다. 호화 파티를 즐기고 온 아이는 자기 생일도 한껏 기대하고 있을 텐데 그렇게 해주지 못하는 형편에 상대적 박탈감이 드는 것이다.

돌이켜 생각해보자. 성인이 된 지금 어린 시절 생일 파티에서 무엇을 먹고 얼마나 많은 선물을 받았는지 기억이 나는가? 아이들에겐 그다지 중요하지 않은 문제다. 파티의 규모가 어떤지, 음식은 얼마나 준비했는지, 몇 명이나 초대하고 어떤 선물이 들어왔는지, 외향에 신경 쓰는 것은 정작 어른들이다. 아이들을 위한 자리가 은근히 엄마들끼리의 경쟁이나 알력 다툼의 장이 되고마는 꼴이다.

그렇다면 이처럼 요란한 생일 파티가 정말 아이의 친구 관계에 도움이 될까? 사실 아이가 2학년만 돼도 엄마가 개입해서 친구를 만들어주기가 어렵다고 봐야 한다. 학령기에 접어든 아이들은 어느덧 자기 마음에 드는 친구를 스스로 선택하고자 한다. 엄마의 도움을 받아 내가 못하는 부분을 채우는 것을 자랑스럽게 생각하는 것은 저학년까지다. 초등학교 3학년만 돼도 본인이 해야 할 일을 엄마가 대신 해주는 것을 부끄럽게 생각한다.

"아, 몰라. 걔 나랑 안 놀아줘."
"걔랑 싸웠어! 날 때렸단 말이야."
아이가 친구 문제 때문에 힘들어 하거나 갈등이 있다고 하면 엄마들의 마음이 덜컥 내려앉는다. 단짝 친구와 틀어졌다고 하면 엄마 눈에도 눈물이 나고, 또래 그룹에서 소외당했다는 말을 들으면 엄마도 밤잠을 설친다. 고민하다가 나도 모르게 친구 엄마 전화번호를 눌러 따지기도 하고, 하소연도 하는 것이다. 하지만 아이 친구 문제에 지나치게 깊이 공감하지 말자. 때리고 맞고 하는 상황이 너무 오래 지속되면 문제가 있지만 대부분 아이는 한두 번으로 끝난다. 아이들 세상은 어른과 다르다. 어른보다 훨씬 미숙하고 좀 더 많이 몸을 통해 부딪친다. 우리가 생각하는 것보다 더 자주 작은 일에서 갈등을 겪지만 생각보다 크게 다치지 않고 상황에 따라 변화한다. 오히려 또래 관계에서 생긴 갈등을 어른이 대신 해결해주다 보면 아이 스스로 해결할 힘을 잃게 된다. 이때 엄마가 해줄 수 있는 것은 정서적 지지다. 언제나 아이의 편인 엄마가 든든하게 버티고 있다는 것을 믿고 있는 아이는 그 힘을 믿고 앞으로 나아간다.

앞으로 아이 생일은 그 의미를 되새기는 뜻 깊은 날로 만들어보면 어떨까? 남 보여주기 좋은 파티를 준비하느라 많은 비용을 버리지 말고 차라리 아이 통장에 종잣돈을 넣어주면 좋겠다. 그리고 생일상을 차리기 전에 감사 편지부터 받자. 생각해보면 가족 모두에게 감사한 날이다. 내 아이의 생일만큼 특별한 날이 있을까? 가족이 새롭게 구성된 날, 나와 남편이 처음으로 부모가 된 날, 우리 생애에서 가장 경이롭고 신비로운 날이다. 스트레스받지 말고 그 어떤 날보다 행복한 하루로 만들어보자.

내 아이는 어떤 그룹에 속해 있는가?

학교생활이 즐겁기 위해서 친구의 존재는 절대적이다. 아이들은 또래 집단을 통해 많은 것을 배우고 성장한다. 친구들이 입는 것, 친구들이 가지고 노는 것, 친구들이 쓰는 말투 등을 공유하고 따라 하면서 소속감을 느끼고 동질성을 느낀다.

엄마들의 어린 시절을 떠올려보자. 마음에 드는 집단에 소속됐을 때는 신이 나서 그룹에 이름을 붙이기도 하고, 각 멤버들에게 아빠, 엄마, 삼촌, 딸 등 가족의 역할을 부여하면서 놀기도 했다. 나랑 친한 친구가 다른 아이와 놀면 질투심도 느끼고 소유하고 싶은 마음에 다른 친구들한테 흥을 본 적도 있을 것이다. 친구와 나만의 비밀을 공유하고 그것으로 서로에 대한 충성심을 시험하기도 했다. 아이도 마찬가지. 그 시기에 경험해야 할 인간관계에 대한 온갖 감정과 고민이 매일같이 피어오르고 있을 것이다. 초등학교 교실에서 일어나는 복잡하고 미묘하면서도 변화무쌍한 움직임은 아이들에겐 세상 그 자체고, 어떨 땐 학교가 존재하는 이유가 되기도 한다.

어느 학년, 어느 반이나 마찬가지일 것이다. 30여 명 남짓한 교실 안에는 여러 그룹이 생겼다가 사라진다. 그리고 그 안에는 분명한 서열이 존재한다. 공부 잘하고, 외모도 좋고, 리더십도 있는 아이들은 핵심 그룹에 소속된다. 이들은 놀이를 주도하고 유행을 만들어내며 교실의 권력을 차지한다.

그 핵심 그룹을 중심으로 서열이 낮은 주변 그룹이 만들어진다. 핵심 그룹에 들어가지 못한 아이들은 주변 그룹에 소속된다. 물론 어떤 그룹에도 소속되지 못하는 아이들도 생긴다. 각각의 그룹들은 1년이란 시간 안에 많은 갈등을 겪는다. 해체하거나 분열되기도 하고 멤버가 교체되기도 한다.

그렇다면 내 아이는 그 그룹 중 어디에 속해 있을까? 교실의 주인공인 '인싸'일까? 쉬는 시간이면 그 아이들이 노는 모습을 부러운 눈으로 바라보는 '아싸'일까?

엄마들은 누구나 우리 아이가 인기 있는 아이이길 바랄 것이다. 친구들이 좋아하는 아이가 되어 행복하게 학교생활을 즐기길 원한다. 그러나 인기 있는 아이는 극소수이고, 나머지는 대부분 평균 지위를 갖는 아이다. 친구 없이 혼자 노는 아이일 수도 있다. 친구가 없는 아이에도 종류는 여럿이다. 크게 두 종류로 나누자면 별다른 존재감도 없고 함께 노는 것보다 혼자 노는 게 편한 '자발적 아웃사이더'. 본인은 친구들과 함께 어울리고 싶은데 다른 아이들로부터 '거부당하는 아이'로 나눌 수 있다.

만약 너무 오랫동안 친구 사귀는 데 어려움이 있다면 어른이 개입해서 도와줄 필요가 있다. 그러나 내 아이가 자발적 아웃사이더라면 크게 걱정할 필요는 없다. 이런 아이들의 특징은 수줍음이 많다는 것이다. 굳이 그룹에 소속되고 싶은 마음도 없고 시도도 잘하지 않는다. 사실 관심의 대상이 되는 것이 부담스럽다. 학기 초반 다른 아이들이 단짝 친구를 만들고 활발하게 그룹을 형성해 나가는 시기에 주저하다 기회를 놓친 것일 수도 있다. 엄마 입장에서는 걱정이 될 수도 있지만 조금 지켜보면 학교 외의 다른 그룹에서는 활발하게 잘 놀기도 한다. 학기 초엔 외톨이였지만 학교생활을 하다가 잘 맞는 친구를 사귀게 되면 단짝 친구로 지내기도 한다. 또 학년이 올라가면 언제 그랬냐는 듯 그룹에 속해 생활하는 경우도 있다.

유심히 지켜봐야 하는 경우는 '거부당하는 아이'다. 만약 내 아이가 지속적이고 반복적으로 아이들 사이에서 거부당한다면 혹시 어떤 문제가 없는지 한 번 점검해보자. 대체로 이런 유형의 특징은 아이들이 싫어하는 원인을 한두 가지씩 가지고 있다. 조금 지저분하거나, 폭력적이거나 특이한 행동을 보이는 경우다. 심하게 자기 자랑을 하거나 함께 협력해야 할 때 적대적이고 공격적인 반응을 보여서 집단에서 배척을 당한 유형일 수도 있다. 어린 시절 너무 잦게, 또 너무 오래 공동체에서 배척을 당하면 그 또한 상처가 된다. 나쁜 경우엔 타인을 거부하고 남 탓을 하는 등 행동장애로 번질 수도 있다.

이런 경우에는 엄마의 따뜻한 코칭이 도움이 된다. 무엇보다 거부당하여 외롭고 상처받은 아이의 마음을 공감해주고, 이해해주는 게 첫 번째여야 한다. 아이가 도움을 받길 원한다면 다른 아이들이 나의 어떤 행동을 싫어할 수 있는지 구체적으로 알려주자. 내 존재가 아니라 내 행동을 싫어했다는 것, 분명한 인과관계를 알게 되면 슬픔을 이겨내는 데 도움이 된다. 친구들과 잘 지낼 수 있는 팁을 알려줘도 좋다. 상대의 말을 잘 들어주고, 감정에 공감해주고, 공통점을 찾거나 관심 있는 주제의 정보를 알려주는 법 등은 훈련을 통해 조금씩 고치고 해결해 나갈 수 있다.

아이 친구를 통해 내 아이를 본다

아이의 친구가 집에 놀러 오는 경우도 종종 있다. 한 지인은 초등학생 아이가 처음 학교 친구를 데리고 왔기에 반갑게 맞아주고 간식을 준비했다고 한다. 그런데 집을 두리번거리며 보던 아이 친구가 이렇게 말하는 것이었다.

"아줌마, 이게 다예요? 여기 몇 평이에요?"

순진한 아이의 입에서 나온 말이라고 믿기 어려운 질문에 지인은 무척 당황했고 두고두고 기분이 좋지 않았단다. 큰 평수 아파트에 사는 아이들이 작은 평수에 사는 친구 집에 가서 방이 두 개가 다냐고 묻거나 친구들끼리 아빠 차종은 무엇인지, 집에 차가 몇 대인지 관심을 갖고 물어보는 건 꽤 자주 있는 일이다.

아직 어린아이들이라 별 생각 없이 궁금해서 물어보는 거겠지만 엄마들의 마음은 그렇지 않다. '어느 단지 사세요?', '남편은 무슨 일 하세요?'라며 은근슬쩍 경제 형편을 떠보는 학부모들의 불쾌한 질문이 이어지는 느낌도 받는다.

최근에는 초등학생 사이에서 '휴거(휴먼시아 임대 아파트에 사는 거지)', '빌거(빌라 거지)'라는 신조어가 생겼다는 뉴스를 보고 많은 이들이 눈살을 찌푸렸다. 사는 곳에 따라 친구를 차별하고 조롱하는 문화가 가장 순수해야 할 초등학생 사이에서 번졌다는 것이 안타깝기도 하고, 경제적 상황에 따라 계급과 지위를 나누는 어른들의 모습을 죄 없는 아이들이 거울처럼 비추는 현실이 슬프기도 하다.

초등학교 저학년 때는 반 친구들 중에서 누구와 더 친하고 덜 친하고의 개념이 없다고 봐도 될 것이다. 그러나 3학년쯤 되면 아이에게도 특별한 관계의 친구가 만들어진다. 아이가 자라서 친한 친구에 대해 이야기를 시작하면 엄마 입장에선 그 아이에 대해 궁금한 것이 한두 가지가 아닐 것이다.

"공부는 잘해?"

"걔네 엄마 뭐 해?"

"걔네 아빠 뭐 해?"

"몇 평 산대?"

이런 질문은 절대 금물이다. 엄마는 내 아이가 현재 사귀는 친구와 연락처 정도는 알아둬야 한다. 그러나 어른의 잣대로 아이의 친구를 쉽게 평가하지 말자. 친구 엄마에게 집 평수를 물어보는 아이는 그 말을 어디에서 들었겠는가? 아이는 어른의 말과 행동을 놀랍도록 빠르게 모방한다.

엄마가 해야 할 일은 단순하다. 아이가 친구에 대해 이야기하면 정말 좋은 친구라고 함께 칭찬을 해주는 것이다. 이 시기 아이들은 두뇌가 발달하면서 비판적 사고 능력도 함께 자라난다. 친구를 사귀더라도 장점과 단점을 파악할 수 있는 눈이 생기게 마련이다. 이때 장점을 보는 눈을 키워주는 것도 엄마의 역할이다.

상대의 말을 잘 들어주며 장점을 빠르게 파악하고 그것을 기분 좋게 이야기해주는 사람들이 있다. 대부분 이런 사람들은 인간관계가 원만하고 인기가 좋다. 이것 또한 일종의 능력 아닌가? 앞으로 아이가 살아갈 날들은 협업 능력이 더욱 중요하게 여겨질 것이다. 사람의 좋은 면을 함께 보는 연습이 필요하다.

물론 아이의 연령대에 따라 엄마의 역할도 조금씩 바뀐다.

아이가 더 자라 고학년이 되면 그땐 엄마를 떠나 친구 곁으로 간다. 어렸을 때는 세상이 엄마를 중심으로 돌아가지만 사춘기에 들어서면 또래 그룹을 중심으로 돌아가는 새로운 우주가 펼쳐지는 것이다. 동네에서 우연히 엄마를 만나도 친구들과 함께 있을 땐 못 본 척 스윽 고개를 돌리기도 한다. 그런 일을 겪으면 엄마로선 큰 상처를 받게 마련이다. 그러나 의연해지자. 아이의 발달 단계에 따른 현상 중 일부다. 눈인사를 하고 지나치거나 살짝 아이의 이름을 부르고 용돈을 쥐여주는 여유를 가질 필요도 있다. 물론 아이가 친구에게 엄마를 소개하면 정말 행운인 것이다.

엄마들은 누구나 내 아이가 공부 잘하는 아이와 친구가 되길 바랄 것이다. 성적이 낮은 친구와 어울려 놀다가 똑똑한 우리 아이가 공부를 멀리하는 건 아닌지, 불량한 친구들과 어울리는 바람에 나쁜 물이 드는 건 아닌지 고민이 이만저만이 아니다. 그러나 누가 알랴. 우리 아이가 그 무리의 중심일 수도 있다. 아이의 친구는 내 아이의 또 다른 모습이라는 것을 기억하자.

부모는 자식을 다 안다고 생각하지만 실상 그렇지 않은 경우가 더 많다. 엄마가 보는 아이와 선생님이 보는 아이, 그리고 친구가 보는 아이가 다 다르기 때문이다. 내가 미처 보지 못한 아이의 모습이 있을 수 있고, 아이 입장에서 특별히 엄마에게 숨기고 싶은 비밀이 있을 수도 있다.

중요한 것은 엄마와의 친밀함이다. 시기에 따라 그 친밀도는 높아질 수도 있고 조금 느슨해질 수도 있다. 그러나 어렸을 때부터 엄마와 마음의 관계가 끈끈하게 잘 만들어진 경우, 아이는 사춘기를 잘 보내고 다시 돌아올 것이다. 그리고 엄마를 믿고 신뢰한다면 친구 관계에 문제가 생겼을 때, 왕따를 당하거나 신변에 위험이 발생했을 때, 나에게 위기 상황이 닥쳤을 때 엄마를 떠올릴 것이다. 엄마는 나를 안전하게 지켜줄 것이고, 문제를 해결해줄 거라는 믿음이 결국 그 아이를 버티게 해준다. 엄마는 아직도 수호천사이기 때문이다.

성장에 따라 아이의 친구 관계도 변화무쌍하게 바뀔 것이다. 엄마는 한 발짝 떨어진 곳에서 지켜봐주자. 그렇게 아이도 엄마도 함께 성장하는 것이다.

유아기의 사회생활

집에서만 생활하던 아이가 처음 또래 친구를 만나는 시기는 기관에 나가기 시작하는 세 살 전후다. 그러나 점차 그 시기가 빨라지고 있다. 요즈음에는 돌 전후의 어린 아기들도 문화센터의 수업을 받기도 하고 베이비 전용 키즈 카페에서 놀이를 하며 비슷한 연령대의 친구들을 만난다.

이 시기 엄마들은 아기의 신체 발달만큼 사회성 발달에 관심이 많을 것이다. 우리 아이가 친구들과 싸우지는 않을까? 사이좋게 잘 놀 수 있을까? 이제나저제나 걱정이 앞선다. 아이의 사회성을 키워주기 위해 일부러 짐을 꾸려 밖으로 데리고 나오기도 한다.

엄마들은 아이가 또래 친구를 만나 오순도순 함께 노는 모습을 상상하겠지만 실상은 그렇지 않다. 유아기 아동들은 함께 모여 있어도 정작 놀이는 각각이다. 따로따로 놀기만 하면 다행이지 친구의 물건을 아무렇지 않게 빼앗기도 하고, 던지기도 한다. 엄마들은 아이들의 돌발 행동에 놀라는 한편, 우는 아기를 달래거나 친구와 사이좋게 놀지 못한다고 혼내느라 혼이 빠진다. 아쉽게도 이 시기는 엄마들이 꿈꾸는 사회성을 기대할 수 있는 때가 아니다. 유아기의 아이에게 '내 것'

'남의 것'을 구별시키고, '남의 것을 가져가면 안 된다', '친구에게 양보하며 사이좋게 놀아라' 식의 윤리에 기준한 규칙을 알려주는 것은 무리다. 아직 그 정도 수준의 인지 발달이 성립되지 않았기 때문이다. 그러나 이 시기에도 아이의 사회성은 좋은 자극을 통해 발달할 수 있다. 엄마와의 애착 관계를 통해서다.

유아기는 어떻게 사회성을 습득하게 될까? 세상에 나온 아기는 처음엔 아무것도 구분하지 못하지만 손과 발을 가지고 놀면서 서서히 자신의 신체를 탐색한다. 내가 '나'라는 것을 인식한 후엔 타인과 자신을 구별하는 능력이 생긴다. 엄마 아빠처럼 자주 보는 사람의 얼굴에 반응하고 낯선 사람을 보면 불편해 한다. 또 이 시기 아이들은 울음으로 의사 표현을 한다. 불편하면 울고, 필요한 게 있으면 운다. 초반에는 생리적인 불편함만을 표현했지만 개월 수가 늘어날수록 점차 우는 이유가 복잡해지고 다양한 정서적 작용이 들어간다. 이때 엄마의 반응이 사회성 교육의 기초가 된다. 울음소리를 들은 엄마는 달려와 불편 요소를 제거해주고, 필요한 것을 주며, 얼른 아기를 편안하게 안아 준다. 이것은 아기가 경험하는 최초의 타인과의 상호작용이다. 이 상호작용을 통해 사회성이 학습되는 것이다. 이 세계는 나와 타인으로 구성돼 있으며, 신호를 보내면 반응이 온다는 것을 아이는 경험을 통해 알게 되는 것이다. 이 신호와 반응이 아이에게 긍정적으로 인식됐다면 세계와 타인에 대한 신뢰가 형성된다. 그리고 이 긍정적인 신뢰가 훗날 사회성을 발달시키는 밑거름이 돼준다. 전문가들

은 아이에게 사회성을 길러주기 위해 일부러 친구를 만들어줄 필요
는 없다고 말한다. 오히려 엄마와의 애착에 신경을 쓰는 것이 도움이
된다고 한다.

특별히 이 시기 아이들은 감염병에 취약하다. 키즈 카페나 문화센터
에서 감기나 수족구에 감염될 확률이 높다. 친구를 만들어주기보다
는 아이의 건강에 좀 더 세심하게 신경 쓰고 돌봐야 할 것이다.
40개월 이후부터는 아이의 언어 능력이 발달하고 의사소통도 가능
해진다. 이 시기 아이들은 서툴지만 자신의 생각과 주장을 말한다.
뜻대로 되지 않으면 떼를 써서라도 얻어내고 만다. 부모의 역할이 양
육에서 훈육으로 넘어가는 것도 이 시기다. 본격적으로 어린이집이
나 유치원 같은 기관에서 생활하면서 친구 관계가 형성되며 그룹 공
통의 규칙을 익히고 함께 놀이하는 방법을 배워 가게 된다. 친구들과
소통하며 진짜 사회성을 학습해 나가는 시기가 온 것이다.

아이가 이 정도로 자라면 사회성이 발달한 아이와 그렇지 않은 아이
가 드러난다. 사회성이 건강하게 발달된 아이는 친구들 사이에서 인
기가 많고, 리더십을 갖고 놀이를 이끌며, 불편하거나 싫은 것이 있
을 때 자기 의사 표현을 제대로 한다. 이런 아이들의 특징은 친구의
감정에 잘 반응한다는 것이다.
친구가 울면 "괜찮아?" 묻기도 하고, 힘들어 하면 "도와줄까?"라고
나서기도 한다.

손에 들고 있는 장난감을 쳐다보면 "이거 하고 싶어?"라며 빌려주거나 "같이 놀래?" 하며 무리에 들어오도록 이끌기도 한다.

물론 기질적으로 타인에게 관심이 많거나 예민한 감정을 타고 난 아이도 있다. 그러나 엄마의 관심이나 노력으로 아이의 사회성을 키워줄 수 있다는 것도 잊지 말자.

공감, 격려, 칭찬 등 정서적으로 아이를 지지했을 때 아이의 정서가 단단해지고 타인의 정서에도 관심을 갖게 된다. 또, 일관적인 훈육 태도 또한 아이의 사회성 발달에 영향을 미친다. 일관적인 훈육이란 "이건 안 돼" 하며 해서는 안 되는 것을 분명하게 말해주되 허용한 범위 안에서는 자율성을 주는 것이다. 무조건 아이의 요구를 들어주거나 칭찬만 하다 보면 아이는 자기 뜻대로 되지 않는 또래 그룹을 거부하거나 불편해 할 수도 있다.

사회성은 어른이 된 후에 스스로 공부해 터득하는 기술이 아니다. 어린 시절부터 경험을 통해 익히는 감각이다. 특히 유아기의 자극은 뇌 발달에 지대한 영향을 준다. 인간관계는 아이에게나 어른에게나 어려운 도전이다. 타인에게 다가가 관계를 맺고, 그 관계를 건강하게 유지하며, 갈등이 생겼을 때 슬기롭게 해결하는 감각과 기술은 엄마에게도, 아이에게도 절실하게 필요한 것이다. 그 감각과 기술의 원천은 자존감에서 나온다는 것을 잊지 말아야겠다.

아이와 공부,
더하고 빼야 할 것들

....

샤론코치's 연령별 최신 교육법

엄마가 아이에게 가르쳐야 할 것은 많다.

혼자 밥을 차려 먹고 위험 상황에 대처할 수 있는 생존 능력,

타인을 대하는 매너와 인간에 대한 기본 예의,

시간과 돈을 관리하고 물건을 정돈하는 법,

음악, 미술 같은 문화와 겉모습에서 풍기는 당당한 자세와 기품,

타인에게 베풀고 존중하는 법,

지적 호기심을 확장하며 더 높은 단계로 나아가는 법 등.

성장 사이클에 따라 빼먹지 말고 챙겨야 하는

교육과 공부법까지 시기별로 정리해보았다.

유아기 3~7세

놀자, 햇빛도 양육자

3~7세의 핵심은 양육이다. 건강한 아이로 키우는 것. 말 그대로 잘 먹고, 잘 자고, 잘 놀고, 잘 싸는 것이 이 시기의 모든 것이다. 그런데 유아를 키우는 많은 엄마가 '잘 놀고'를 쏙 빼서 '잘 공부하고'로 끼워 넣곤 한다. 생각보다 많은 유아가 사교육 기관에서 시간을 보낸다. 유아 맘들 사이에서 정보 전쟁은 생각보다 치열하고, 많은 사교육 업체들이 이를 부추긴다. 이 시기에 공부하지 않으면 뇌가 닫힌다고 하니 기가 막힐 노릇이다. 이 시기의 과한 학습은 성장을 저해하고 스트레스까지 남겨 아동 발달에 악영향을 줄 뿐이다.

그럼 아무것도 공부하지 말란 이야기인가? 그렇지 않다. 이 시기에 맞게 뇌를 자극하는 방법이 따로 있다. 그게 바로 놀이다. 유아기 아이들은 잘 놀아야 한다.

유아기는 신체가 꾸준히 성장하며 신체 비율이 변화하고 대뇌가 성장한다. 신체 성장은 운동 능력 발달의 기초가 되고 운동 능력이 발달하면서 외부 환경을 더 능동적으로 탐색하게 된다. 이 시기 아이들은 바깥으로 나가야 한다. 햇빛을 보고, 뛰고, 구르고, 달려야 한다. 이와 같은 신체적 자극은 아이들의 뼈를 자라게 하고 근육을 단단하게 만들어준다.

자연에서 만나는 모든 것은 아이들의 지적 욕구를 자극하는 훌륭한 교재가 된다. 나뭇잎의 잎맥을 손으로 만지고, 모랫바닥을 기어가는 개미를 한참동안 지켜보다 까슬까슬한 모래알을 가지고 놀면서 아이 뇌 속 시냅스는 무서운 속도로 확장될 것이다. 책으로 예쁜 그림을 보여주는 것도 좋지만 밖으로 나가자. 책에서 본 것을 실제 자연에서 찾아 연결하다 보면 현실과 가상의 차이를 구분하는 능력도 생긴다. 이처럼 아이들의 바깥놀이는 상당히 중요하다. 어른들이 귀찮아서 이를 미룬다면 우리 아이들은 건강하게 자랄 기회를 놓치는 것이다.

요즘은 바깥 놀이보다 스마트폰 놀이가 보편화돼있다. 식당에서 외식을 즐기는 부모들이 다른 손님들의 식사를 방해하지 않기 위해 아이에게 스마트폰을 쥐여주는 것이 하나의 에티켓처럼 돼버린 것 같아 안타까운 마음이 든다. 어쩔 수 없는 상황임은 이해하지만 아이 자체만 생각한다면 나쁜 선택임은 확실하다.

미국 신시내티 아동병원의 존 허트 박사 연구팀은 3~5세 어린이 47명을 대상으로 디지털 기기 노출 시간과 뇌 자기공명 영상(MRI)을 비교 분석한 결과, 어릴 때 스마트폰 등 디지털 기기를 자주 본 아이들의 뇌 기능 발달이 떨어진다는 연구 결과를 발표했다. 디지털 기기를 오래 접한 아이일수록 뇌 백질의 발달 속도가 느린 것으로 확인됐다. 백질이란 뇌를 구성하는 조직 중 하나로 뇌에 정보를 전달하는 통로인데 읽기와 쓰기 등 언어 기능과 자기 조절력 등을 담당한다. (2019.11.6 〈조선에듀〉 기사)

뇌 기능의 발달 저하뿐 아니라 아이의 눈 또한 피해를 입는다. 스마트폰에서 흘러나오는 영상의 강한 빛과 자극이 눈에 좋을 리 없다. 또한 스마트폰을 빼앗았을 때 아이가 느끼는 분노와 불안, 더 나아가서는 폭력성도 목격할 수 있다.

MSG를 일찍부터 접하면 천연 재료로 만든 음식 맛을 제대로 못 느끼지 않겠는가. 가급적이면 부부가 30분씩 서로 번갈아 식사를 하며 아이를 돌보거나, 아예 아이와 함께 먹을 수 있는 편한 자리를 선택하면 좋겠다. 유아기의 아이를 돌본다는 건 정말 가족들의 배려가 절실한 일이다. 아이는 온 가족에게 선물 같은 존재다. 육아는 고통스럽지만 말로 표현하기 어려운 경이와 행복의 순간이 넘쳐난다. 그리고 이 힘든 시기는 분명히 지나갈 것이다. 많은 엄마들이 힘을 내고 소중한 순간을 더욱 귀하게 바라보길 바란다.

앞에서 여러 번 놀이의 중요성, 그것도 신체 놀이의 필요성을 강조했다. 어린아이들도 아름다운 자연 속에 있으면 이 세상이 아름답다는 것, 그리고 그 안에 내가 존재한다는 것을 은연중에 깨닫고 행복을 느낀다. 아직 표현은 못하지만 유아기에 느낀 경험과 느낌은 아이의 내면을 풍요롭게 만들어줄 것이다.

자존감 높이기

종알종알 귀여운 입을 오물거리며 쉴 새 없이 말하는 아이들. 그 모습을 보고 있노라면 엄마들 입 꼬리가 저절로 올라가다가도 바쁘고 피곤하면 흘려듣게 마련이다. "아유, 시끄러워. 그만 좀 얘기해"라는 말이 목구멍까지 나올 때도 많다. 하지만 아이의 의견을 무시하지 않았으면 좋겠다. 비록 그것이 하등 쓸데없는 얘기 같아도 꼭 끝까지 들어주고 존중해주길 바란다. 어른들이 습관적으로 아이를 무시하지 않고 의견을 귀담아 듣고 존중해준다면 유아기에 중요한 자존감이 올곧게 자리 잡게 된다. 자존감은 다른 사람의 인정이나 칭찬으로 만들어지는 것이 아니라 본인 스스로 중요한 사람이라고 깨닫는 데서 만들어진다. 엄마가 아이의 말을 귀 기울여 듣고 존중해준다면 아이는 스스로 본인이 중요한 사람이라고 생각하고 자연스럽게 자존감이 높아질 것이다.

① 매너 알려주기

아이의 의견을 존중한다고 무조건 오냐오냐 하라는 건 아니다. 종종 엘리베이터나 대중교통을 이용할 때 어디로 튈지 모르는 아이의 말 때문에 조마조마해본 경험, 다들 있을 것이다.

"엄마, 저 아저씨는 왜 저기 앉아 있어? 우아, 저 사람 가방 좀 봐. 고양이가 있네? 엄마, 이 할아버지는 파란 옷을 입었어!"

관심을 다른 데로 돌려서 대화를 끊으면 좋겠지만 마음처럼 안 될 때도 있다.

이때 대부분의 엄마들이 무턱 대고 "조용히 해. 쉿, 엘리베이터에서 떠드는 거 아냐"라고 다그치거나 원론적인 규칙만 반복하곤 한다. 차라리 사과하는 모습을 보여주면 어떨까?

"죄송합니다. 저희 아이가 아직 어려서 실례를 했습니다."

아이에게는 대중 시설을 이용하기 전이나 후에 차근차근 교육을 해주면 좋다.

"아까 엄마가 사과하는 것 봤지? 겉모습만 보고 다른 사람을 평가하는 건 예의가 아니야. 너를 잘 모르는 사람이 너에 대해 이러쿵저러쿵 얘기하면 기분이 어떨 것 같아? 조심하자."

사회 안에서 사랑받을 수 있는 에티켓을 알려주는 것도 아이에 대한 존중이다.

② 선택권 주기

4세 이후부터는 아이가 스스로 선택할 수 있도록 점차 선택권을 줘보자. 슈퍼나 장난감 가게에서 사 달라고 우는 아이와 안 된다고 혼내는 엄마는 흔하게 볼 수 있는 광경이다. 물건을 사러 들어가기 전에 아이와 약속을 하자. 선택권을 주되 제한할 부분도 명확히 알려줘야 한다.

"이제 슈퍼에 들어갈 거야. 너는 과자를 한 개 고를 수 있어. 고를 수 있는 가격은 이천 원까지야, 알겠지?"

대부분의 아이들은 엄마의 말을 이해하고 한정된 조건 안에서 최고의 선택을 하기 위해 고민을 한다. 그러나 가끔 예외도 있다. 과자가 아닌 젤리를 고를 수도 있는 것이다. 변수가 생겼을 때도 안 되는 이유와 해결 방법을 알아듣기 쉽게 설명해 줘야 한다.

"이 젤리는 이천 원 이하는 맞아. 하지만 너무 커서 질식할 위험이 있어. 질식은 숨이 막히는 거야. 잘게 잘라서 꼭꼭 씹어 먹어야 해. 그래도 사겠니? 그래, 그러면 엄마가 집에 가서 젤리를 가위로 잘라 줄게."

가끔 약속과 완전히 다르게 비싼 로봇을 사겠다고 고집을 피우며 뭉개는 아이들도 있다. 그럴 땐 단호함도 필요하다. 낮고 엄한 목소리로 상황을 정리하자.

"아니, 여기까지. 그러면 아무 것도 살 수 없어. 오늘은 끝!"

힘들어도 설명해주는 것, 아이 선에서 이해해주고 가능한 선택지를 주는 것. 유아기의 자존감을 높이는 최적의 방법이다.

③ 역할 주기

유아기 아이의 자존감을 높이는 또 다른 방법 중 하나는 '역할 주기'다. 식사 전 수저받침을 놓고 숟가락과 젓가락을 세팅하게 해보자. 현관의 어질러진 신발을 정리하는 것은 아이의 중요한 역할이라고 알려주자. 그 일을 잘 수행하면 온 집안 어른들이 크게 칭찬을 해주자. 아이가 스스로의 가치를 높게 생각하지 않겠는가?

'나는 다섯 살이야. 나는 이 집 딸(아들)이야. 내가 이 집에서 하는 중요한 역할은 현관 정리야.' 신발을 정리할 때마다, 수저를 놓을 때마다 아마 엄청 신나하는 표정이 눈에 보일 것이다. 아이에게 할당된 소소한 집안일은 스스로가 가족 안에서 중요한 사람이라는 생각을 하게 한다. 그것만으로도 아이는 신나고 힘이 난다. 유아기 자존감 올리기, 어렵지 않다.

④ 아이의 말 기록하기

아이의 말을 기록하는 것도 중요하다. 하루에도 몇 번씩 옥구슬 같은 얘길 하는 아이들 아닌가. 그러나 한번 웃고 감동받고 지나가 버리면 엄마도, 아이도 그 소중한 말들을 기억해내지 못한다. 혹자는 '모든 유아들은 언어 천재다'라고 말했다. 순간순간 반짝이는 독창적인 언어들, 계발되느냐 묻히느냐는 엄마에게 달려 있다.

식탁이나 가까운 곳에 포스트잇을 두고 아이의 말을 받아 적자. 그리고 블로그에 날짜를 적고 이 글을 옮겨 놓는다면 여러분은 아이의 귀한 말들을 다 정리해준 엄마가 될 것이다. 아이의 말이 뭐 그리 대수냐고 할 수 있지만 아이가 뱉은 말 속에 아이의 관심이 있고, 아이의 생각이 있고 아이의 미래가 있다.

이 모든 것을 알아도 일상에서 지키기가 어렵다. 그리고 이 시기에는 아이가 말을 너무 많이 해서 귀에 딱지가 생길 정도다. 피곤함에 지쳐 좋은 엄마를 포기하고 싶을 때가 다반사다. 이럴 때는 아이에게 양해를 구해보자. "엄마가 조금 힘들어. 엄마 10분 만 잘게. 너 그동안 책 좀 보고 있을래?" 아무리 어린아이라도 상황 판단은 한다. '아, 엄마가 힘들구나. 지금은 엄마가 쉬어야 하는 시간이구나' 하고 판단한 아이는 자신에게 부탁하는 엄마가 고마워 흔쾌히 양보할 것이다. 만일 엄마를 배려하지 않고 떼만 쓰는 아이라면 혹시 내가 이 아이에게 같은 일을 하진 않았는지 생각해보기 바란다. 인생은 기브 앤 테이크니까.

공부법 | '공부 습관'이라 쓰고 '엉덩이 힘'이라 읽는다

유아기부터 공부 습관을 거론하는 게 자칫 너무 극성스럽게 보일 수도 있겠다. 그러나 오해하지 말길. 여기서 집중할 것은 공부 내용이 아니라 공부할 수 있는 환경에 관한 것이다. 공부 습관이라고 쓰고 '엉덩이 힘'이라고 읽는다. 학습을 시키라는 말이 아니다. 앉아 있는 습관을 기르라는 것이다. 즉, 아이가 쓸 몸에 맞는 책상과 의자부터 고민해보자.

많은 가정에서 초등 입학 전까지는 학습 콘텐츠에 비해 자세나 환경을 소홀하게 생각하는 경우가 많다. 비싼 교구를 사 놓고 바닥에 쪼그리고 앉아 활동을 하거나 학습지 선생님이 오셨는데 앉은뱅이

탁자에서 수업을 받는 게 그 경우에 해당한다.

이제 정통 한식집에 가도 버젓이 테이블과 의자가 세팅돼 있다. 한국도 이 정도면 완전한 입식 문화가 정착했다는 얘기다. 바닥에 앉은 자세로는 집중력을 발휘하며 오래 앉아 있기 어렵고, 좋은 자세를 갖기 힘들기 때문이다.

아이가 네 살 정도 되면 의자와 책상을 마련해주자. 복잡한 기능이 있는 비싼 것을 살 필요도 없다. 앉았을 때 엉덩이가 아프지 않고 안전한 플라스틱 책걸상이면 충분하다. 초등학생이 되면 나무 책상으로 바꿔주길 권한다. 어렸을 때 책상에 앉는 버릇을 들이지 못한 아이는 커서도 누워서 책을 읽는다. 심지어 수학도 엎드려서 눈으로 푼다. 공부 양이 적을 때야 어떻게든 하면 그만이지만, 나중엔 자세에 따라 뒷심이 달라진다는 것이 문제다. 공부라는 것은 책상에 앉아 있는 자세라는 것을 인식할 필요가 있다. 소파에서 뒹굴거리며 문제를 풀었다고 한들 제대로 된 공부와는 차이가 있다는 얘기다.

다섯 살부터는 30분 정도는 앉아 있을 수 있어야 한다. 그래야 여섯 살 때 35분을 앉고, 일곱 살 때 40분을 앉아 있을 수 있다. 초등학교 1교시는 40분이다. 우린 미리 준비하는 것이다. 초등학교 1학년 아이가 40분간 바른 자세로 앉아 있을 수 있다면 이미 우등생이 된 것이다. 수업 시간에 바른 자세로 엉덩이를 붙이고 앉아 있는 아이는 멀리서 봐도 대견하다. 선생님 눈에도 달라 보이지 않겠는가?

실제로 대치동 학원가에서는 초등 저학년도 3시간짜리 수업을 듣는 경우가 있다. 물론 중간중간 쉬는 시간이 있긴 하지만, 기본적으로 엉덩이 힘이 길러지는 훈련이 된다.

30분 앉아 있으라는 말이 30분 동안 한 과목을 공부하라는 뜻은 아니다. 다섯 살밖에 되지 않은 아이가 30분 동안 하나의 주제로 집중하는 것은 너무 어렵다. 그냥 엉덩이를 붙인다는 것에 의미를 두자. 5분은 종이접기, 5분은 책 읽기, 10분은 색칠 공부, 10분은 클레이 만들기 식으로. 퍼즐도 맞추고, 레고도 하고, 무엇을 하든 나도 모르는 사이에 30분을 앉아 있는 것이 중요하다. 처음엔 엄마도 함께 앉아 있어야 할 것이다. 몸을 배배 꼬며 힘들어 해도 버티는 게 중요하다.

아이가 끝까지 잘했다면 후하게 포상을 주자. 이 시기 아이들에겐 스티커만큼 매력적인 게 없다. 아이의 기질에 따라 일주일치 스티커가 채워지거나 한 달치 스티커가 채워지면 선물을 주면서 크게 칭찬해주는 것도 도움이 될 것이다. 칭찬 스티커를 아끼지 말고 많이 활용하면 좋다.

잊지 말자. 아이가 자라서 공부할 때가 되면 그땐 내 아이도 공부를 하고, 다른 아이도 공부를 한다. 누구나 열심히 하지만 결국 마지

막엔 양으로 승부가 갈린다. 오랫동안 지치지 않고 공부를 하려면
자세가 중요하다.

성장기 아이, 몸 만들기

초등학교 입학과 동시에 이전에는 크게 신경 쓰지 않던 내 아이의 신체 성장 정도가 눈에 들어오게 된다. 같은 학년인데도 크고 작고의 대비가 단번에 보이기 때문이다. 대체로 생일이 빠른 1~2월생들이 키도 몸집도 큰 편이고 11~12월생들은 비교적 작다. 아이의 몸이 또래에 비해 왜소하다면 부모는 '내가 뭘 잘못한 건 아닌가?' 하는 생각에 마음이 조금씩 타들어 간다. 그렇다고 해서 아이가 있는 앞에서 '작다, 작다' 하며 걱정하는 말은 안 했으면 좋겠다. "쟤 큰 것 좀 봐", "너는 안 먹어서 이렇게 작은 거야" 등 비교의 말도 금물이다. 부모뿐 아니라 아이도 충분히 스트레스를 받고 있기 때문이다.

오히려 "괜찮아, 엄마도 중학교 때 훅 컸어", "아빠도 초등학교 5학년 되니까 갑자기 키가 자랐다더라" 하며 성장에 대한 신뢰와 자신감을 심어주길 바란다.

물론 우리 아이의 몸을 튼튼하고 바르게 만들어주기 위해서는 가족 모두의 노력이 필요하다. 초등 저학년은 아이의 체격이 형성되는 시기이다. 체격은 틀이라고 생각하면 된다. 고른 영양과 적절한 운동으로 단단하고 아름다운 틀이 만들어지면 그다음엔 저절로 건전한 습관과 멘탈 또한 자리 잡을 것이다.

① 잘 먹기

잘 먹는 것은 무엇보다 중요하다. 음식의 양보다는 필요한 영양을 빠뜨리지 않고 챙겨주는 것에 초점을 두자. 성장에 꼭 필요한 영양소는 피부와 뼈, 근육을 만들어내는 단백질이다. 고기, 달걀, 두부, 콩 등 단백질이 풍부하게 들어 있는 식품을 준비해서 아이가 먹을 수 있게 하자. 햄이나 소시지, 스팸 등의 간편 조리식에도 단백질이 들어 있기는 하지만 이런 식품은 필요한 영양소 이상으로 염분을 과하게 섭취하게 된다. 통조림을 무조건 안 먹일 수는 없지만 보존 식품의 강한 맛과 편리함에 아이와 엄마 모두 길들여지지 않도록 주의할 필요는 있다.

편식 습관은 사실 더 어릴 때부터 시작된다. 아이들이 싫어하는 반찬을 어떻게든 먹이기 위해 갖은 애를 써본 경험은 다들 한 번씩 있을 것이다. 가늘게 썰어서 보이지 않게 하거나 다른 음식 뒤에 몰래 숨겨서 입에 넣어주는 등 집마다 눈물겨운 노력이 수반된다. 어찌됐든 아이가 먹어주면 다행이지만 자칫 그 과정에서 음식에 대한 부정적인 인식이 자리 잡을 수도 있으니 주의하는 게 좋다. 나는 차라리 아이가 어느 정도 자라면 고른 영양 섭취가 왜 필요한지 정확한 지식 전달로 알려주는 편이 더 도움이 된다고 생각한다. 맛은 없어도 내 몸에 좋다는 것을 강조해서 장점을 인지시키는 것이다.

"비타민 K는 상처에서 피가 멈추게 도와주고 단단한 보호막을 만들어준대. 우리 몸에 꼭 필요하겠지? 비타민 K가 어디에 들어 있는지 볼까? 녹색 채소랑 양배추, 콩에도 들어 있네?"

"멸치와 치즈에는 칼슘이 있어. 칼슘은 우리 이와 뼈가 자라게 도와준대."

아이들이 좋아하는 아기자기한 그림으로 우리 몸속 소화와 영양에 대해 설명해주는 그림책이나 교육 콘텐츠도 시중에서 쉽게 구할 수 있으니 참고하면 좋을 것이다.

하지만 정말 어쩔 수 없이, 기질적으로 싫어하는 음식도 있다. 오이나 깻잎 향이 싫어서 먹지 못하는 어른도 많지 않은가? 그럴 땐 싸우지 말고 대체 식품을 먹이자. 꼭 그 음식이 아니더라도 필요한 영양소를 섭취할 수 있는 방법은 많다.

② 잘 자기

쑥쑥 크려면 잘 자야 한다. 골고루 맛있게 먹고 푹 자면 정신도 맑아지고 몸도 건강해진다. 그런데 엄마가 억지로 재운다고 해서 아이가 푹 잘 수 있을까?

"좀 자라, 왜 안 자니. 자야 큰다고 하지 않았니."

당연히 이런 잔소리가 편안한 잠자리를 만들어주지 않는다. 잠은 환경이 따라줘야 한다. 아이에게는 들어가서 자라고 잔소리를 늘어놓고 밤 11시에 야식을 배달시키는 엄마 아빠들이 있다. 어떤 모범적인 아이가 그런 환경에서 푹 잠들 수 있을까?

밤 10시엔 가족 모두가 잘 수 있도록 분위기를 만들자. 저녁은 적어도 6시에서 7시 사이에 먹어야 할 것이고, 9시부터 책 읽어주는 시간을 가져야 한다. 잠들기 한두 시간 전엔 집 안의 조명을 어둡게 하고 보던 TV도 끈다. 취침 시간엔 엄마 아빠도 거실을 비우고 방으로 들어간다. 가게가 문을 닫듯 우리 집 거실에도 마감 시간이 필요하다.

방에 들어간 아이가 스마트폰을 들여다보느라 잠을 설치는 경우도 있다. 이건 어른들이라고 해서 별반 다르지 않다. 스마트폰에서 나오는 블루라이트는 눈을 상하게 할 뿐 아니라 수면을 유도하는 호르몬인 멜라토닌의 분비를 감소시킨다. 아마 이 사실을 모르는 사람은 없을 것이다. 하지만 알면서도 베개 옆 스마트폰에 나도 모르게 손이 가는 건 어쩔 수 없는 유혹 아닌가? 질 좋은 수면을 위해서는 스마트폰을 잠자리에 들고 가는 것 자체를 차단하길 권한다. 가족 모두 스마트폰 충전기를 거실에 두면 어떨까? 정해진 시간이 되면 엄마도 아빠도 스마트폰은 거실에 두고 방으로 들어간다. 이런 규칙이 지켜지면 가족 중 누구도 피곤에 찌든 눈으로 아침을 맞이하는 일은 없을 것이다.

아이의 성장을 걱정해서 일찌감치 병원이나 성장 클리닉에 다니는 가정이 적잖다. 전문가의 도움과 현대 의학의 힘을 받는 것도 좋지만 규칙적인 생활과 올바른 습관으로 건강의 기본을 지키는 것부터 잊지 말았으면 한다.

③ 운동과 팀 스포츠

기본적으로 영양을 잘 섭취하고 필요한 운동을 해온 아이들은 이 시기를 지나며 점차 몸이 커지고 자세가 예뻐진다. 성장을 위해 운동을 시작하는 경우도 많다. 운동은 종목에 따라 신체가 확장, 성장하는 경우도 있지만 성장을 멈추고 단단하게 만들어주기도 한다. 그러니 아이가 할 운동은 목적에 따라 종목을 잘 선택하자.

남녀 모두에게 수영같은 운동을 추천한다. 특히 수영은 아이와 잘 맞는다면 접영까지 풀코스로 배워보는 것도 나쁘지 않다. 모든 운동이 마찬가지지만 과정이 힘들고 포기하고 싶지만 끝까지 해냈을 때의 쾌감은 말로 설명하기 어렵다. 그리고 조금씩 몸이 건강해지는 것을 스스로도 느끼게 되는데 어린 나이에 이런 경험을 쌓는 것은 큰 자산이 된다.

발레는 바른 자세를 갖게 해주고, 목이나 팔다리의 모양을 길고 예쁘게 만드는 데 도움을 준다. 바른 자세는 아무리 강조해도 모자람이 없다. 자세가 바르기만 해도 나이 먹어서 키가 줄어드는 일이 없고, 몸속 장기들도 균형을 찾아 제 역할을 한다.

바른 자세의 핵심은 좌우 균형이다. 아이가 예쁜 자세를 갖기 원한다면 엄마부터 똑바로 앉자. 많은 엄마가 습관적으로 다리를 꼬는데 이는 아주 나쁜 자세 중 하나다. 좌우를 어긋나게 해 골반도 틀어지고 어깨도 휘며 등뼈까지 비뚤어지게 만들기 때문이다. 물론 보이지 않는 장기들의 위치에도 문제가 생긴다. 바른 자세로 서 있는 사람은 옷 하나 입어도 태가 다르지 않은가? 엄마부터 노력해서 아이에게 반듯한 자세를 유산으로 물려주면 좋겠다.

아들 엄마인 경우, 팀 스포츠에 관심이 많을 것이다. 강남권은 학교 입학과 동시에 축구 클럽에 가입하느냐 마느냐가 학부모 사이의 뜨거운 이슈가 된다. 아무래도 팀 스포츠의 메인은 축구이기 때문이다. 유아기부터 팀에 소속돼 있는 경우도 있고, 초등학교 1학년 때 새로 팀을 짜기도 한다. 누구와 팀을 짤 것인지, 인원을 어떻게 조율할 것인지, 지도자는 누구인지, 국가대표 출신인지 아닌지 등 한바탕 말들이 지나가면 실력이 우수한 아이와 그렇지 않은 아이, 하기 싫어하는 아이가 대충 나뉜다. 아이가 축구를 싫어하는 경우도 있지만 그래도 일단 팀에 소속되면 엄마도 자연스레 '엄마 커뮤니티'에 들어가는 것이니 1년은 함께 해보길 권한다.

팀 스포츠가 강남을 비롯한 교육열이 뜨거운 지역에서 각광을 받는 이유는 입시에서 중요하게 여기는 인성을 증명하는 사례가 되기 때문이다. 스포츠 팀에서 리더 역할을 하거나 대회에 출전한 경험은 리더십, 협력, 배려, 문제 해결력을 평가하는 자료가 된다.

그렇다고 무턱대고 이런저런 대회에 내보냈다가는 아이도 엄마도 지치기 십상이다.

그렇다면 초등 저학년 때 기본적인 축구 스킬을 배울 수 있는 좋은 방법은 없을까? 기초적인 드리블, 패스, 킥 정도만 익혀도 나중에 팀에서 활약할 기회가 있을 때 큰 도움이 된다. 일단 동네마다 헬스장 하나씩은 있을 것이고, 체대를 다니거나 졸업한 트레이너도 있을 것이다. 그분들에게 부탁을 하는 것도 괜찮은 방법이다.

"선생님, 우리 아이들 네 명을 한 팀으로 짜서 4주 정도 축구 기본 스킬만 알려주세요."

체대 선생님에게 단기 레슨 네 번 정도만 배워도 나중에 팀에서 활약하기에 아쉽지 않은 기본 실력은 갖출 수 있다. 그 외에도 방법은 많다. 책도 있고 요즘은 영상 정보도 간단한 검색으로 충분히 찾을 수 있으니 말이다.

운동 능력을 소홀히 생각해서는 안 된다. 민족사관고나 하나고 같은 자사고의 입시 전형에 체력검사도 포함된다는 사실을 알고 있는가? 정해진 시간 내에 끈기를 갖고 오래달리기와 윗몸일으키기 등 기본 체육 활동을 해내는가가 평가의 기준이 된다.

사실 운동은 노력이다. 애당초 신체적인 조건이 타고난 아이들도 있지만, 그렇지 않은 아이들도 반복해서 노력하면 기초 스킬이 갖춰진다. 종종 저녁 때 아파트 단지에서 줄넘기 인증 대회에 참여하기 위해 탁탁 소리를 내며 연습하는 아이들이 보인다. 작은 목표를 향해 매일매일 꾸준히 나아가는 모습은 언제 봐도 사랑스럽다. 이 성장의 과정을 엄마가 지켜보고 응원해주길 바란다.

자존감을 높여주는 최적의 시간

① 비교

유아기 때는 라이벌이라는 개념이 없었다. 그러나 초등학교에 들어가면 멀리서 슬쩍 보기만 해도 잘난 애들이 눈에 띈다. 월령 효과라는 말이 있다. 나이가 어릴수록 일찍 태어난 아이들이 신체적으로 우수할 확률이 높다는 것이다. 이는 신체에만 해당되는 것이 아니라 학업 성취도에도 영향을 끼친다. 아무래도 그 나이 때는 1~2월에 태어난 아이들이 살아본 개월 수만큼 똑똑하다.

또 첫째보다는 둘째가 비교적 눈치도 빠르고 행동도 어른스럽다. 어쩔 수 없다. 영아기 때부터 척박한 환경에서 생존하기 위해 스스로 개발된 능력이니까. 여자아이가 남자아이에 비해 발달이 빠른 경향도 있다.

일찍 태어난 데다 둘째인 딸이 조부모와 함께 살기까지 한다면? 그냥 친구가 아니라 누나라고 생각하자. 이런 친구들은 위기 대처 능력도 탁월하고 생활에 필요한 지식도 이미 많이 습득한 데다 말투까지 구수하다.

자, 그런데 만약 그 옆에 서 있는 우리 아들은 늦게 태어난 데다가 첫째다. 친구에 비해 눈치도 없고, 매사에 굼뜨며, 목소리까지 흐릿하다. 여러 모로 뒤처지는 게 한두 가지가 아니다. 하나부터 열까지 비교 대상이 될 때, 여기서 엄마들의 불행이 시작된다.

아이의 단점이 엄마의 마음을 괴롭힐 때, 가장 좋은 솔루션은 너그러운 마음으로 눈을 감는 것이다.
'그래 알아. 내 아이가 뒤떨어진다. 그래서 어쩔 건데?'
이렇게 생각하고 마음을 편안하게 가져야 한다. 설사 부족한 걸 드러내 놓고 타박한들 아이가 단기간에 바뀌지도 않는다. 모든 변화에는 시간이 필요하기 때문이다. 일단 여유로운 마음을 갖길 바란다. 아이의 본질 자체를 바꾸거나 새로 만드는 것은 불가능하다. 하지만 행동 교정은 가능하다. 엄마의 노력으로 하나하나 고치고 변화시킬 수 있다는 얘기다.

초등학교 공개 수업을 예로 들어보자. 그날은 공식적인 비교 대잔치의 날이다. 우리 아이가 탁월한 발표력으로 모두의 부러움을 한 몸에 받는 스타가 되면 좋겠지만, 쭈뼛쭈뼛 손도 못 들고 어렵게 얻은 발표 기회는 우물거리다가 놓쳐 버렸다. 그 모습을 지켜보는 엄마는 얼마나 마음이 무거울까. 교실에서는 온화한 미소를 짓고 있어도 끝나고 집에 가는 순간, 잔소리 향연이 펼쳐진다. 그러나 제대로 하는 게 없다고 야단치기보다는 대화를 한번 해보면 좋겠다. 툭 하고 가볍게 물어보자.

"○○야, 오늘 어땠어?"

"어어, 엄마……. 그게, 잘하고 싶었는데……, 잘 못했어."

대부분의 아이들은 발표를 잘하고 싶어 한다. 아이라고 못하고 싶을까? 의욕은 앞서지만 방법을 모른다. 첫째라면 형이 하는 걸 본 적도 없으니 아이도 답답하기는 마찬가지다. 하지만 괜찮다. 엄마가 있지 않은가? 엄마가 연습을 시켜주면 된다.

사실 발표 연습은 공개 수업 전에 함께 연습하면 더 좋다.

"자, 손들어보자. 엄마처럼 손을 귀에 딱 대봐."

못 따라하면? 사진을 찍어서 보여주자. 손에 들린 스마트폰 하나면 아이가 비교 화면을 바로바로 확인할 수 있다.

일어나서 발표할 땐 시선을 선생님에 두는 법, 말하기 전에 머릿속으로 한 번 생각을 정리해서 말하는 법 등. 엄마의 원 포인트 코칭은 아이를 설레게 하고 자극시킬 것이다. 그래도 발표를 망칠까봐 걱정하는 아이에겐 이렇게 얘기해주면 어떨까?

"괜찮아. 살짝만 생각하면 잘 얘기할 수 있을 거야. 만약에 너무 떨려서 발표를 잘 못하게 되면 '선생님, 제가 잘하고 싶었는데 까먹었습니다. 다음에 더 잘할게요'라고 예의바르게 말하면 돼. 그럼 실수도 멋있어 보일 거야."

실수를 정리하는 방법까지 알려주면 아이는 더욱 자신감을 갖게 된다. 그리고 똑똑하고 의지가 있는 아이라면 스스로 맹연습을 한다.

"엄마, 엄마! 나 하는 거 한번 봐줘. 알았지?"

잘하든 못하든 신이 나서 열심히 하는 아이의 모습은 얼마나 예쁘고 감동적인가. 혹시라도 지적하고 싶은 게 있어도 꾹 참아주길. 잔소리 대신 영상으로 찍어서 필요한 부분을 알려주자. 그리고 폭풍 칭찬을 아끼지 말아야 할 것이다.

대망의 공개 수업날이 되면 아이가 갖고 있는 옷 중에서 가장 깔끔한 옷을 깨끗하게 세탁해서 입혀주자. 과하게 화려한 것은 오히려 마이너스다. 가벼운 셔츠에 바지라도 단정하게 입히면 아이의 자세와 태도에 힘이 실릴 것이다. 상황에 어울리는 패션을 챙겨주는 것은 엄마가 발휘할 수 있는 작고 강한 센스다.

엄마가 일부러 지적하지 않아도 이 시기 아이들은 스트레스와 상처를 많이 받는다. 생각해보자. 자기중심적으로 사고하고 행동해 왔던 아이들이 갑작스럽게 학교에 가서 사회생활을 한다는 것, 그 자체만으로도 대단히 도전적인 경험 아닐까. 자신을 30명 중의 한 명으로 파악하는 데는 시간이 필요하다. 그러니 나를 좋아해주지 않는 친구 때문에 가슴이 아프고, 손을 들었는데 발표를 안 시켜주는 선생님 때문에 눈물을 흘리는 날들이 이어지는 것이다. 안 그래도 힘든 마음에 엄마의 가시 돋친 말까지 쏟아붓지는 말자.

"너는 왜 똑바로 못 앉아 있니? 다른 애들 잘만 앉아 있던데."

"아니, 왜 발표를 못하고 우물우물하는 거야? 네 친구 ○○은 조리 있게 말 잘하던데."

"넌 만날 쓸데없는 얘길 하는 게 문제야. ○○처럼 연산 문제집이나 풀어."

엄마의 지적은 아이 마음만 상하게 하는 게 아니라 호기심과 창의력까지 꺾는다. 이 시기는 아이들이 자신만의 세계에서 춤추듯 호기심과 창의력을 뻗어나갈 때다. 괜한 비교로 뇌 세포를 쑥쑥 키우는 아이를 망치지 말자. 엄마들, 자나 깨나 입조심 잊지 말아야 한다.

② 칭찬

칭찬은 고래도 춤추게 한다. 엄마의 칭찬은 아이의 사고를 긍정적으로 변화시키고 스스로가 소중한 사람임을 깨닫게 한다. 하지만 자칫 잘못된 칭찬이 생각과 다른 길로 아이를 이끄는 경우가 있다.

"넌 정말 똑똑해."

"역시 머리가 좋아."

우리 아이가 잘할 때, 어른들의 입에서 쉽게 나오는 칭찬이다.

사실 지능이 높은 아이들은 다른 아이들에 비해 단기간에 좋은 결과물을 만들어내고 남들이 노력할 때 타고난 재능을 이용해 좀 더 쉬운 길을 갈 수는 있다. 하지만 반복된 칭찬으로 아이에게 이를 인

195

지시키는 것은 무척 위험하다.

미국의 심리학자 캐럴 드웨크(Carol Dweck)는 아이들을 대상으로 칭찬에 관한 의미 있는 실험을 했다.

두 집단의 아이들에게 쉬운 문제를 풀게 한 다음, A 집단에는 "머리가 좋구나" 하고 능력에 대한 칭찬을 하고, B 집단에는 "열심히 노력해서 끝까지 했네" 하고 노력에 대한 칭찬을 해주었다.

이어 두 집단 아이들에게 쉬운 문제와 어려운 문제 중 하나를 선택해 풀어보게 했는데 능력에 대해 좋은 평가를 받은 A 집단 아이들은 대부분 쉬운 문제를 선택했고, 노력을 인정받은 B 집단 아이들은 어려운 문제에 도전했다고 한다. 또 두 집단 모두 어려운 문제를 주었을 때 빠르게 포기한 A집단에 비해 B 집단 아이들은 마지막까지 문제를 풀기 위해 노력했다고 한다.

이 실험은 칭찬 방식이 아이의 성장을 좌우한다는 메시지로 한때 교육 심리학계에 큰 충격을 주었다. 어른이든 아이든, 다른 사람이 생각하는 기대치에 맞추기 위해 스스로를 변화시킨다. 똑똑하다는 칭찬을 많이 들은 아이는 스스로 적은 노력으로 빨리 결과물을 만들어내야 한다는 신화를 은연중에 만들게 마련이다. 그러다 보니 노력이 필요한 순간 머리가 좋다는 사실이 무너질 것을 두려워해 도전을 피하는 것이다. 실제로 낮은 단계의 문제를 척척 풀어낸 똑똑한 아이들이 어려운 문제 앞에서 자꾸 핑계를 대며 도망치는 것을 볼 수 있었다. 머리가 아프다거나, 배가 아프다거나, 선생님이 싫다거나 하며 회피하는 것이다.

좋은 칭찬이어야 고래를 춤추게 한다. 능력보다는 과정에 대한 칭찬으로 아이를 움직일 것을 권하고 싶다. 1쪽부터 마지막 쪽까지 공부를 끝냈을 때, 혹은 다른 일이라도 처음부터 끝까지 마무리했을 때 크게 칭찬하며 의미 있는 보상을 해주자.

각종 대회에도 출전해 경험을 쌓아보자. 수상과는 상관없이 준비 기간 동안의 노력과 과정, 대회 자체의 경험 등이 아이에게 말할 수 없이 큰 성장을 안겨줄 것이다. 과정과 노력의 기회를 제공하고 이에 대해 크게 칭찬해주자. 평생 든든한 버팀목이 돼줄 아이의 자존감은 그렇게 자라난다.

엄마와의 추억은 역경을 이기는 힘

지금은 귀엽고 사랑스럽기만 한 우리 아이. 그러나 앞으로 이 아이에게도 분명 고난과 스트레스가 닥쳐올 것이다. 그렇다면 힘든 시기를 어떻게 버텨낼 수 있을까? 감정 코칭 전문가들은 한 사람의 마음속에 통장처럼 적립해둔 행복한 기억이 필요한 순간 힘이 돼준다고 말한다. 따뜻하게 사랑하고 사랑받은 기억이 많아야 고된 순간에 긍정적인 감정과 에너지를 꺼내 쓸 수 있다.

나는 열 살 이전까지는 마음 통장에 아름다운 감정을 쌓는 시기라고 생각한다. 생각해보면 우리가 과거를 떠올리며 미소 짓는 순간들은 대개 거창한 것이 아니다. 소소하고 일상적인 에피소드들이 한 사람의 가슴속에 오래 남아 있는 경우가 많다.

엄마와 아이의 일대일 관계 속에서 나오는 에피소드를 만들어보면 어떨까? 아빠랑 동생 빼고 엄마랑 단둘이 살짝 나가서 팥빙수 사 먹기, 엄마랑 단둘이 산책하기, 엄마랑 단둘이 버스 타고 옆 동네 다녀오기.

그때 엄마가 내 이야기를 귀 담아 들어준 기억, 엄마와 웃은 기억, 엄마가 도와준 기억들이 힘든 사춘기를 넘길 수 있게 도와준다. 아이가 나이 들었을 때 어린 시절에 대한 추억이 없다면 어떻게 될까?

'나 어렸을 때 엄마가 학원만 뺑뺑이 돌렸어.'

'엄마가 친구들이랑 수다만 떨고 TV 볼 때 말 시키면 싫어했어.'

이런 기억들만 가득하다면 너무 불행하지 않겠는가?

'내가 아이였을 때 엄마랑 손잡고 얘기 많이 했는데.'

'엄마가 나 업어주며 노래 불러줬던 거 기억 나.'

아이들의 머릿속에 들어 있는 행복한 스냅사진 한 장은 훗날 불행을 이겨내는 힘이 된다.

공부법 한 학기에 한 과목만 공략하자

아이에게 공부를 하라고 시키면 아이가 불행할까? 꼭 그렇게 생각할 건 아니다. 엄마가 챙겨주는 공부는 오히려 아이를 행복하게 만든다. 아이의 입장이 돼보자. 이 시기의 아이는 하루 대부분을 학교나 학원에서 보낸다. 사회생활의 대부분이 이뤄지는 곳이 학업과 관련된 공간이다. 스스로 생각하기에도 내가 선생님 말을 잘 못 알아듣거나 또래 친구들에 비해 실력이 떨어진다면, 그 공간에 있는 시간이 행복할 수 있을까? 공부가 좋아져야 학교와 학원 생활이 즐겁고 매일이 행복할 것이다.

그렇기 때문에 아이가 학교에 들어가면 엄마가 반드시 학교 공부를 봐줘야 한다. 초등 1~2학년 때 공부는 무리하게 선행을 시키거나 서둘러 진도를 빼는 것이 아니다. 수업 시간에 자신 있게 손들고 발표할 수 있도록 예습하기. 배운 것을 흘려보내지 않도록 복습하기. 이 정도면 충분하다.

나는 특히 예·복습을 강조하고 싶다. 예·복습은 정말 중요하지만 이에 대한 엄마들의 이해도나 수준은 천차만별이다. 관련 교과 문제집을 쓱 읽어보고 끝내는 엄마도 있고, 사회 교과서에 나온 장소를 직접 찾아가는 엄마도 있다. 웬만하면 힘들더라도 아이와 함께 직접 체험하길 권한다.

초등 1~2학년이 체험할 장소는 역사 유적이나 멀리 떨어진 박물관이 아니다. 아직 역사를 제대로 배우지도 않은 아이를 데리고 거창하게 문화 기행이나 고적 답사를 시키는 것은 추천하지 않는다. 힘만 들고 남는 것도 없다.

이 시기에 꼭 해야 하는 사회 공부는 내가 속한 지역에 대한 공부이다. 초등학교 3학년 사회 교과서에서는 우리 고장에 대한 내용이 비중 있게 다뤄진다. 미리 우리 동네에 있는 지구대, 소방서, 은행, 우체국을 직접 답사해보는 것이다. 은행에서 통장을 만들어보고 우체국에서 우편물을 부쳐보자. 별것 아닌 것 같아도 이런 경험은 사회의 일원이라는 생각과 함께 상식과 지식이 풍성한 아이로 자라나게 해준다.

사회를 제외하고 엄마가 특별히 신경 써줄 중요한 과목을 묻는다면 영어를 꼽고 싶다. 실제 교과는 3학년부터 시작하지만 일찍 시작할수록 유리한 것이 영어이다. 그렇다고 해서 일부러 돈을 들여 사교육을 시키라는 얘기는 아니다. 중고 서점의 원어 그림책 코너에 가거나 영어 도서관에 가서 직접 책을 골라 읽는 것부터 하면 된다. 엄마와 같이 책을 보며 영어를 접하면 행복하게 학교 공부를 준비할 수 있다.

초등 1~2학년 때 학교에서 가장 중점적으로 가르치는 과목은 다름 아닌 국어다. 유아기 때 책을 많이 읽은 아이와 책을 잘 읽지 않은 아이는 출발선이 다르지 않을까? 그렇다고 지레 잘하는 아이와 비교하며 초조해 하거나 문제 삼을 것도 없다. 만약 유아기 때 충분히 국어 공부를 하지 못했다면 지금부터 하면 되니까. 적어도 이 시기 엄마들은 아이가 수업에 참여할 수 있을 정도의 기본 능력은 만들어줄 필요가 있다. 그것이 바로 예습이다.

교과서 자체에는 단어가 많이 등장하지 않는다. 문제집이나 교재를 활용해서 아이와 함께 공부하자. 책은 학교에서 추천하는 목록에 있거나 교과서에 수록된 도서를 중심으로 읽으면 된다. 비단 학교 공부뿐 아니라 일상 언어 또한 유아 언어에서 초등 언어로 넘어가는 시기다. 아이들도 안다. 말을 아기처럼 하는 친구와 표현력과 어휘력이 우수한 친구는 자기들 보기에도 구별이 간다.

이때부터 엄마들은 아이를 학원에 보낼지 말지를 두고 고민할 것이다. 너무 무리하지 말고 한 학기에 한 과목을 메인으로 잡고 전략적으로 운영하는 게 좋다. 급한 마음에 이것저것 시키면 투자한 것에 비해 아웃풋이 적기 때문이다.

연산이 조금 부족하다면 한 학기 정도는 수학을 중심으로 공부해보고, 국어 단어를 너무 모르면 국어에 집중해보자. 이 시기 영어는 학습이라기보다 언어로 접근하는 것이 좋다. 다른 아이와 비교하지 않고 차근차근 하다 보면 재미도 붙고 실력도 쌓인다.

201

교우 관계가 시작되다

열 살 무렵이 되면 아이들의 사회성이 폭발적으로 성장하면서 가족이라는 울타리보다 또래 친구 관계에 더 집중하게 된다. 부모에게, 특히 엄마에게 한없이 의지하던 아이들이 이제 변하는 것이다. 친구를 좋아하고 친구 말에 귀 기울인다. 같은 사안에 대해 엄마와 친구 의견이 다를 때는 친구 의견이 더 새롭고 멋지다고 생각하기도 한다. 엄마 입장에서는 섭섭할 수도 있으나 성장 과정에서 나타나는 자연스러운 현상이니 속상할 필요는 없다.

아이 기질에 따라서 맺는 교우 관계의 성향도 천차만별이다. 주인공 의식이 있는 아이는 작은 그룹이든 큰 그룹이든 리더 역할을 한다. 전략가 기질이 있는 아이는 리더 옆에서 주로 참모 역할을 하는 모습을 보인다. 그룹 안에 포함된 것만으로도 만족하며 친구 의견을 별 생각 없이 따르는 아이도 많다. 여하튼 아이들에게 친구는 소중하고 친구가 많다는 것도 자랑이며, 어떤 그룹에 들어갔다는 것 자체가 뽐낼 만한 일이 된다.

공동체 감각이 특별히 떨어지는 아이도 있다. 어떤 아이는 친구들과 어울리며 경쟁하는 것 자체를 귀찮아한다. 만약 내 아이가 '노 네임(no name)'으로 군중 속에 존재하는 것을 편안하게 생각한다면 지켜보는 부모는 속이 탈 수 있다. 하지만 심한 경우가 아니면 장애나 문제가 아닌 기질일 뿐이니, 너무 염려하지 말고 지켜보는 게 좋다. 내성적인 아이는 내성적인 아이대로 최소한의 관계 속에서 행복하게 살 길을 찾아내게 마련이니까.

엄마가 할 일은 그저 지켜보는 것이다. 비상시를 대비해 아이 친구 이름과 연락처는 동의를 구한 후에 알아둘 필요가 있지만 너무 많은 질문과 간섭은 피하자. 아이들은 이러면서 크는 것이다. 물론 교우 관계에서 작은 문제는 수시로 발생한다. 기분 나쁜 일, 섭섭한 일, 속상한 일, 배신 당한 느낌이 드는 일 등. 그러나 이런 일들은 세상을 살아가면서 수시로 발생하는 일들이다. 어릴 때 이런 일을 겪어보는 것도 큰 공부가 된다. 그러니 심각한 문제라고 판단되지 않는다면 감기처럼 지나갈 수 있도록 지켜보자.

이 시기에는 한 번쯤 전학을 고민한다. 교우 관계에서 오는 스트레스로 이사를 고민하기도 하고, 공부를 좀 더 시키고 싶어 교육 특구로 이사 가고 싶다는 생각도 한다. 엄마들 사이에선 '학군', '학군지'라는 말이 오간다. 사실 이사를 가기 위해서는 경제적 상황이 가장 중요하다. 교육 특구는 부동산 가격이 상대적으로 비싸기 때문이다. 경제적 이유를 제외하고 학군에 관한 엄마들의 생각은 어떨까?

초등 1~2학년 때 가장 고민하는 부분은 '안전'이다. 학교 가는 길이 안전한지, 횡단보도가 있는지, 육교는 건너야 하는지, 학교 주변에 유해 시설은 없는지 등이 좋은 학교를 선택하는 요소가 된다. 혹여 술집 등 유흥업소가 있다면 면학 분위기를 해칠까봐 걱정스럽다. 그러다 아이가 3~4학년이 되면 관심이 학습으로 돌려진다. 초등학교 주변에 좋은 학원이 많이 있는지가 중요해지고, 초등학교 졸업 후 인기 있는 중학교에 갈 수 있는가가 선택의 지표가 된다.

대한민국 초등학교는 100퍼센트 주소지에 따라 입학한다. 즉, 이사 후 동주민센터에 전입신고를 하면 초등학교를 배정받는데 가끔은 이사도 안 하고 주소만 옮겨 놓아 문제가 되기도 한다. 친척 집이나 지인 집에 주소를 옮겨 놓고 학교 배정을 받으려는 사람도 많은데 지역에 따라 실사단이 나와 탐문조사를 하는 등 엄격한 단속이 이뤄진다. 이는 엄연한 위법 행위이고 아이들 마음속에 '우리 집은 사실 여기가 아닌데' 라는 부담감을 주기도 하니 가급적 그러지 않으면 좋겠다.

좋은 학교를 선택하는 팁을 얘기하자면 학년별 인원수와 학급 수를 확인하는 것이다. 당연히 4학년부터 전입생이 많은 학교가 인기 학교다. 실제로 대치동에서 인기 있는 학교는 1학년 학급 수와 6학년 학급 수가 큰 차이를 보인다. 1학년 학급 수에 비해 6학년 학급 수가 두 배가량 되는 경우도 있다. 물론 그 반대라면 인기가 없는 학교라고 볼 수 있다. 다른 학교로 옮기는 전학생이 많다는 뜻이니까. 학교 현황 등은 학교알리미 사이트에서 확인할 수 있다.

아이 입장에서 전학은 나를 둘러싼 모든 환경이 바뀌는 엄청난 변화다. 순조롭게 적응할 수도 있지만 그렇지 않은 경우도 있으니 아이의 상황과 마음을 섬세하게 봐줄 필요가 있다. 특히 아이는 전학을 가고 싶지 않은데 부모의 생각과 상황 때문에 강행한다면 당사자인 아이와 많은 대화를 나눠야 한다. 그리고 이사 전 옮길 동네에도 가보고, 전학 갈 초등학교에도 찾아가 낯섦을 없애야 한다. 아이가 마음을 열어야 이사 후 적응도 쉽다.

새로운 곳에 대한 기대를 안고 이사 왔는데 막상 학업 역량의 차이로 적응이 어려울 수도 있다. 특히 교육 특구로 이사 온 학생들이 대부분 겪는 일이다. 타 지역에서 대치동으로 온 아이들을 보면 1~2학년 때는 영어 실력의 차이 때문에 힘들어 하고 3~4학년 땐 수학 때문에 힘들어 하는 경향을 보인다. 아무래도 대치동 사교육이 유아부터 초등 저학년까지는 영어에 집중되고, 초등 중학년부터는 수학을 중시하는 경향 때문일 것이다. 이런 이유 때문에 대치동 전학을 생각하고 있다면 이사 전 6개월 정도는 대치동 학원에 다녀보라고 추천한다.

그러나 더 눈여겨봐야 하는 것은 교우 관계다. 여자아이들은 3학년 초에 이미 또래 집단이 형성된다. 베스트 프렌드의 줄임말인 '베프'가 만들어지고, 이 아이들끼리 학교의 모든 활동을 함께한다. 같이 놀고, 같이 공부하고, 같이 먹고, 같이 화장실도 간다. 베프는 꽤

나 견고하기 때문에 학기 중간에 갑자기 전학 온 아이들은 그 사이에 끼기 어렵다. 그들은 새로운 인물을 원하지 않고 경계하기 때문이다. 습자지처럼 적응하는 아이들은 큰 문제가 없지만 어디서나 튀고 돋보이고 싶은 아이라면 상처를 받는다. 새로운 학교에서도 주인공이 되고 싶지만 거기엔 이미 박힌 돌이 있기 때문이다. 굴러온 돌이 주인공이 되기까지는 시간이 필요하다. 이런 이유로 여자아이들은 가급적 저학년 때 전학을 하라고 권한다.

공부 습관의 골든타임

앞서 아이가 다섯 살이 됐을 때부터 공부 습관을 만들어주라고 얘기한 바 있다. 그때를 이미 놓쳤다면? 지금 하면 된다. 고학년이 되기 전인 초등 3~4학년은 공부 습관을 마지막으로 점검할 수 있는 골든타임이다.

이때 습관이 잘 잡힌 아이들은 이후에도 자기 주도 학습을 할 수 있다. 자기 주도 학습을 독학이나 자습쯤으로 생각하는 경우가 많다. 그러나 스승 없이 혼자 깨우치는 독학이든 스스로 배워가며 익히는 자습이든 어느 정도 기본 학습이 갖춰진 상태여야 가능하다. 그러려면 일단 누구에게든 제대로 잘 배워야 한다.

여기서 말하는 자기 주도 학습이란 스스로 목표와 계획을 세우고,

그 계획한 바를 스스로 실천하고 평가까지 하는 것이다. 직접 계획을 세우고 지키기까지 한다는 것. 다 큰 어른도 하기 힘든 높은 수준의 역량이다.

당연히 아이 곁에서 엄마가 돌봐주어야 한다. 아이가 짠 목표가 과연 타당한지, 아이가 세운 공부 계획이 아이 수준에 맞는지, 더 효율적인 학습 방법은 없는지, 순간적인 유혹에 빠져 어렵게 세운 계획을 무산시키진 않는지. 아이를 가장 잘 아는 엄마가 코치 겸 페이스 메이커 역할을 해줘야 한다.

주간 계획표를 짜서 아이와 함께 실천해보자. '수학 두 시간 하기', '국어 점수 10점 올리기' 같은 시간과 점수에 대한 목표보다는 측정 가능한 양을 정하는 게 좋다. '수학 학습지 10문제 풀기', '국어 자습서 4장 풀기', '영어 단어 20개 암기'와 같은 식이다. 계획한 것을 지키면 공부를 더 시키지 말고 후하게 칭찬해주자. 그리고 약속한 대로 실컷 놀게 해줘야 한다. 대신 얼렁뚱땅한 것은 아닌지 반드시 확인해야 한다. 스티커든 사인이든 메모든 흔적을 남겨 엄마가 옆에서 지켜보고 있다는 것을 알게 해줄 필요가 있다.

학습량을 조율하자
....

본격적인 공부 모드로 전환하는 것은 초등 5~6 학년 때다. 초등 3~4학년은 고학년을 대비하는 워밍업 단계로 기초 과목을 다져 두면 도움이 된다. 이때 대부분의 엄마가 수학과 영어만 고민하는데 우등생이 되려면 초등 3학년 국어 공부를 게을리 하면 안 된다. 국어는 모든 과목을 잘할 수 있는 도구 과목이기 때문이다. 국어 공부가 어느 정도 되면 초등 4학년부터 수학에 집중해도 된다. 이는 선행학습(선행)을 말하는 것인데, 이것은 정말 자녀의 학습 역량과 관계가 깊다. 욕심을 내어 무조건 선행을 시키면 자칫 공부를 싫어하게 될 수도 있으니 조심하자.

대다수 아이가 이때부터 학원에 다닌다. 그리고 그들만의 학원 문화가 만들어진다. 엄마가 보이지 않는 곳에서 공부도 하지만 PC방도 가고 코인 노래방도 가고 편의점도 가고 쇼핑도 한다. 아이들만의 놀이 문화가 시작되는 단계인 동시에 사춘기가 시작되는 시기이다. 보통은 5~6학년부터 사춘기가 시작된다고 보지만, 빠른 아이들은 3~4학년 때부터 증상이 나타난다. 이 시기가 지닌 복잡성 때문에 엄마들이 많이 힘들어하고 고민한다. 지금부터 열심히 공부를 시켜야겠다고 다짐함과 동시에 아이는 밖으로 나돌고 반항하는 사춘기의 조짐을 보이기 때문이다.

열 살 이전에는 엄마의 말을 무조건적으로 신뢰하던 아이도 어느 순간 사사건건 엄마와 부딪히기 시작한다. 많은 엄마가 이 시기에 상처를 받지만, 아이가 엄마 자체를 부정하는 것은 결코 아니다. 다만 엄마가 아닌 다른 자극이 많아졌고 선택의 우선순위가 조정된것일 뿐 아이에겐 '집, 학교, 학원' 정도로 갇혀 있던 시야가 '친구, 우리 동네, 더 먼 동네'까지 확장되는 과정이다.

사춘기가 찾아오면 학습의 절대 시간이 줄어든다. 정서적으로 예민하다 보니 체력 피로도도 높다. 한 시간 정도는 잠도 자야 하고, 30분 정도는 제 감정을 바라봐줘야 하고, 또 두 시간 정도는 엇갈린 친구 관계를 풀어낼 고민을 해야 한다. 예전에 다섯 시간 정도를 학습에 썼다면 지금은 집중할 수 있는 시간이 두 시간 정도로 줄어들게 마련이다. 정상적인 시기의 학습량이 100퍼센트라면 예민한 시기에는 50퍼센트 정도로 줄여주면서 상황을 지켜보자. 이 또한 지나가리라 하면서.

사춘기 이전에 공부 습관이 잡히지 않은 아이들은 사실 더 힘들다. 그동안 공부를 많이 안 시키고 주말마다 놀러 다녔는데, 학년이 올라갈수록 엄마 마음속에도 슬슬 불안감이 싹튼다. 이제부터 중학교 입학 전에 기초라도 닦아놔야겠다고 생각하고 있는 찰나, 덜컥 사춘기가 온 것이다.

아이는 사춘기랍시고 매사에 심통인데 사실 엄마 마음은 사춘기보다 학습 부진이 더 걱정된다. 그렇다고 억지로 시킬 수도 없고, 사

실 시킨다고 해도 엄마 말을 고분고분 듣는 상황도 아니다. 이럴 때
는 어떤 방식으로 지혜롭게 공부를 시킬 수 있을까?

'한 학기에 중요 과목 1개, 예체능 1개, 관심 분야의 독서.'
　이렇게 세 가지 원칙을 갖고 실천한다면 조금 수월할 것이다. 국
어가 많이 뒤처지면 다른 것들을 제쳐두고 국어에만 시간을 쓰면
된다. 영어를 어려워하면 영어를, 수학 진도를 못 따라가면 수학에
집중하자. 나머지 부수적인 것들은 확실하게 양을 줄여주면 아이
도 배려받고 있다는 것을 느낄 것이다. 그리고 가급적 운동은 시키
는 게 좋다. 사춘기 때 몸을 움직여 에너지를 발산하는 것이 정신 건
강에도 좋으며 때로는 체육관 사범 선생님이 우리 아이를 반듯하게
키워주시기도 한다. 미술이나 음악은 꼭 학원이 아니더라도 감상만
으로도 정서 안정이 된다.
　평소보다 공부를 덜 하더라도 어릴 때부터 좋아한 책을 손에서 놓
지 않는 아이들도 있다. 그런 아이들은 중간에 조금 헤매더라도 결
국 우등생이 되는 모습을 많이 보았다. 아이들은 책 속에서 그들의
미래를 보고, 혼란스러운 마음도 위로받는다. 수학 진도는 못 나가도
책을 손에 쥐고 있다면 그 아이는 꿈을 꾸는 법을 알고 있다고 생각
해도 좋다. 꿈이 있는 아이들은 포기하지 않는다. 그리고 힘든 과정
을 이겨낸다. 이 시기 우리 아이들이 읽는 책은 엄마이자 스승이다.

본격 사춘기의 시작

신체가 조금씩 변화하고 이성에 눈 뜰 무렵, 아이들 생활은 엄청난 변화를 겪는다. 이성 친구 때문에 친한 동성 친구와 멀어지기도 하고, 부모에 대한 적대 감정도 커진다. 딸은 이유 없이 아빠를 미워하고 엄마와 아들 사이는 어색해진다. 사춘기의 시기와 정도는 아이에 따라 다르다. 가볍게 지나가는 아이도 있고, 열병처럼 지독하게 앓는 아이도 있다. 일찌감치 찾아오기도 하고, 뒤늦게 오기도 한다. 기질이나 성격과 떼어놓고 생각할 수 없다. 사춘기는 자아를 예민하게 인식하는 시기다. 그러니 평소 외부 환경에 예민하게 감각을 느끼는 기질의 아이라면 한바탕 치열한 자신과의 싸움을 벌일 것이고, 다소 둔하고 완만한 성격이라면 사춘기 또한 물에 물 탄 듯, 술에 술 탄 듯 흘러가기도 한다.

문제는 사춘기 자녀를 바라보는 어른들의 시선이다. 어떤 엄마는 아이가 성장하는 과정을 따뜻하게 지켜봐줄 것이고, 어떤 엄마는 애꿎은 방황에 자꾸만 화가 난다. 화가 나는 이유는 단순하다. 공부 때문이다.

누구나 경험상 알고 있다. 이 사춘기는 영원하지 않다는 걸, 언젠가 지나간다는 것을 말이다. 그러나 이 시기에 꼭 해야 할 것을 못 하는 게 화가 나는 것이다. 만약의 사태를 대비해 아이가 초등 저학년 때부터 차곡차곡 공부해 왔다면 화도 덜 난다. 5학년이 되면 열심히 공부할 계획으로 그동안 신나게 놀며 자유를 누렸는데, 고학년이 되자마자 사춘기에 시달린다고 하면 엄마도 열이 받는다.

그러나 어찌할 도리가 있겠는가. 이제 와 잔소리를 한다면 아이는 부모의 행동을 거부할 것이다. 아이의 신체가 커진 만큼 파워도 커졌다. 자기 의견도 강해졌고 제법 논리적이다. 이 부분에서 엄마들은 적잖은 충격을 받는다. 그동안 고분고분하게 말을 잘 듣던 아이에게 받는 배신감은 생각보다 심각하다. 어떤 엄마들은 "우리 아이가 변했어요" 하며 당황한다. 물론 시간이 지나면 다른 집 아이들도 다 그렇다고 이해하고 안심한다.

무섭게 반항하며 대드는 아이 앞에서 엄마는 어떻게 해야 할까? 방법이 없다. 그저 도를 닦는 수밖에. 아이의 세계에 최소한만 관여하자. 관여도 아니다. 서비스한다고 생각하자. 밥을 차려도 안 먹는다고 할 것이다. 그럼 주지 말자. 한참 뒤 배고프다고 슬금슬금 나올 수 있다. 그럼 그때 주면 된다. 사춘기 시기의 아이를 달래는 방법은 딱 두 가지다. 밥과 쉼.

아무리 험하게 싸우고 난리를 쳐도 때 되면 아이를 위해 고기를 굽고, 국을 데우고 아이가 좋아하는 반찬으로 따뜻한 밥을 차려준다면 아이는 안정감과 함께 고마움을 느낀다. 세상에 자기에게 밥을 주는 사람에게 눈을 흘길 사람이 있겠는가?

그리고 어찌 됐든 집에서 쉬는 것이 중요하다. 공부를 안 하고 말썽을 부려도 밖으로 돌아다니지 않고 집 안에 있다면 일단 그 아이는 안전하다. 엄마는 미워도 내 집, 내 방이 편하다면 아이는 집 안에 머무르게 마련이다. 그럼 된 것 아닌가. 엄마 입장에서는 눈에 보이는 곳에 아이가 있으니 마음이 편하다.

그 반면, 공부에 대한 압박이 너무 크거나 부모와의 사이가 완전히 틀어져서 집 밖보다 집 안이 오히려 불안하게 느껴지는 경우도 있다. 그럴 때 아이는 밖으로 나간다. PC방을 가거나 거리를 전전하고, 급기야 가출로 이어지기도 한다. 그런 상황만큼은 만들지 않았으면 한다. 가출 경험은 결국 가족에게 상처로 남기 때문이다.

그럼 사춘기라고 해서 모든 것을 용서하고 눈감아야 할까? 그건 아니다. 제아무리 사춘기라고 해도 집에서 지켜야 할 규칙은 있다. 엄마가 방에 들어오는 것을 싫어하는 나이니, 아이 방문을 자주 열 필요도 없다. 그러나 각자의 공간이 소중한 만큼 공동생활을 하는 에티켓이 필요하다는 것은 알려줘야 한다. 자기 방 환기와 정리 정돈은 스스로 하기. 빨래는 빨래통에 넣어 놓기. 엄마가 빨래를 개어 놓았으면 가지고 들어가기 등. 집안일을 나누어 할 만큼 충분한 나이가 됐으니 규칙을 정하고 서로 매너를 지키면 된다.

사춘기에 대한 구체적인 이야기는 뒷부분 챕터에 이어서 다루도록 하겠다. 존중하고 기다려주자. 힘들겠지만 사춘기는 분명히 지나 간다.

아이의 진로, 엄마도 함께 고민하자

초등 고학년이 되면 우리 아이들은 슬슬 본인의 어른 모습을 상상 해본다. '난 커서 어떤 사람이 될까?', '어떤 일을 하면서 살면 재미있 을까?'

그런데 막상 어른들이 "네 꿈이 뭐니?"라고 물어보면 대부분 "꿈 이요? 몰라요. 없어요"라고 말한다. 이 시기는 나의 꿈, 나의 장래에 대해 막연하게나마 고민하는 시기다. 이때 부모의 역할이 중요하다. 아이의 꿈을 지지해주는 부모, 아이의 꿈을 묵살하는 부모, 아이의 꿈에 관심 없는 부모. 어떤 부모를 만나느냐에 따라 우리 아이의 미 래도 결정된다.

사실 부모도 아이의 미래에 관해 꿈을 꾼다. '우리 딸은 말을 잘하 니 변호사가 되면 좋겠다', '우리 딸은 끼가 많으니 연예인이나 시킬 까?', '우리 아들은 의사가 돼 아빠 병원이나 물려받았으면 좋겠다', '직업은 안정적인 게 최고지. 공무원이나 시켜야겠다' 등. 문제는 부 모의 마음이 아이에게 잘 전달되느냐다. 아이의 생각은 고려하지 않 고 불쑥 속내를 비치면 아이들은 무조건 거부하고 도망가니까.

그런데 아주 가끔, 이런 기회가 온다.

어느 날 아이가 반짝이는 눈으로 꿈을 이야기한다.

"엄마, 나 외교관 될까봐."

우리 아이가 꿈을 이야기한다. 미래를 이야기한다. 드디어 엄마가 기다리던 그 순간이 온 것이다. 자, 어떻게 말해야 할까? 어떻게 말하면 우리 아이가 꿈을 이루는 데 도움을 줄 수 있을까?

엄마   외교관? 오, 멋진 직업인데!

아이   응! 난 외교관이 되어 전 세계를 돌아다닐 거야.

엄마   그래? 어떤 나라에서 일하고 싶어?

아이   음. 중국도 좋고, 아프리카에서 일하는 것도 멋있겠다.

엄마   엄마가 생각해도 너에게 잘 맞는 직업인 것 같아. 넌 영어도 잘하고 외국에도 관심이 많고 활동적이니까.

아이   그렇지 엄마? 내가 외교관이 되면 멋있겠지?

엄마   좋아. 그럼 외교관이 되려면 어떤 공부를 해야 하고, 어떤 과정을 거쳐야 하는지 엄마가 알아볼게.

아이   엄마, 고맙습니다!

이런 대화 후, 엄마가 해야 할 일은 아이에게 외교관이 되는 과정을 알려주고, 필요한 자료는 아이의 이메일로 보내주는 것이다. 아이는 본인의 꿈을 지지해주는 엄마를 사랑하고 존경하게 될 것이다.

215

"외교관은 1년에 50명 정도 선발하네. 1차 시험으로는 공직적격성평가 PSAT라는 시험을 보고, 외국어 공인성적과 한국사 공인성적을 내야 한대. 2차 시험에서는 국제정치학, 국제법, 경제학 등 전공과 관련된 시험도 봐야 하고 논술 시험도 보네. 1년에 수능을 보는 학생이 50만 명이 넘는데 외교관 선발 인원은 훨씬 적지. 정말 열심히 노력해야 외교관이 될 수 있는 거야."

"엄마, 저는 할 수 있어요. 그리고 지금부터 차근차근 필요한 준비를 할게요."

아이가 꿈을 말할 때 엄마는 매니저가 돼야 한다. 그리고 구체적인 과정을 알려주고 용기를 심어줘야 한다. 아이들이 원하는 직업은 대부분 인기가 많거나, 돈을 많이 벌거나, 존경받는 직업들이 많다. 당연히 경쟁이 치열하다. 힘든 길이지만 엄마가 도와주고 아빠가 함께한다면 성공할 수 있다. 막연하게 "그래, 잘될 거야"라는 말보다 "이렇게 한번 해보겠니?"가 더 진정성이 있다. 인간은 누구나 자기에게 도움이 되는 말과 사람은 구별한다. 부모는 아이에게 가장 도움을 주는 사람이다. 어찌 이를 모르겠는가?

학군 선택 때문에 고민이라면?
어떤 중학교를 보낼 것인가를 두고 치열한 고민이 시작되는 시기다. 이 시기에는 학군 때문에 이사를 결심하는 부모도 많다. 만약 좋은 중학교로 보내고 싶다면 엄마가 부지런히 공부를 해야 한다.

먼저 학교알리미 사이트(www.schoolinfo.go.kr)부터 들어가보자. 한국교육학술정보원에서 운영하는 홈페이지로, 교육부에서 정한 공시 기준에 따라 학생, 교원 현황, 시설, 학교폭력 발생 현황, 위생, 교육 여건, 재정 상황, 급식 상황, 학업 성취 등을 확인할 수 있다.
학교알리미 홈페이지에 들어가면 '학교명+공시항목명을 입력해주세요'라는 검색창이 보인다. 여기에 중학교 이름을 입력하면 해당 학교의 자료를 볼 수 있다. 같은 이름의 학교가 많으니 주소까지 확인해야 한다. 해당 학교명을 클릭하면 학교 현황은 물론이고 급식정보, 학사 일정, 학생 현황, 방과 후 학교 운영 계획 및 운영 지원 현황, 성별 학생 수 그래프까지 보여준다.

우리 엄마들이 꼭 알아야 할 것은 학교 현황에서 학생 현황과 졸업생 진로 현황이다. 학교 현황에서는 각 학년 학급 수와 학생 수, 학급당 학생 수를 알 수 있다. 학급 수가 많고 학생 수가 많은 곳이 인기 있는 학교라고 생각하면 된다. 더 중요한 자료는 졸업생의 진로 현황이다.
최근 3년간 고등학교 진학 실정을 확인할 수 있는데 졸업 인원과 일반고, 특성화고 진학 인원이 나오고 특수목적고인 과학고, 외고,

국제고, 예고, 체고, 마이스터고 인원도 나온다. 자율고인 자율형사립고, 자율형공립고 인원도 나오고 기타 인원도 있다. 학교에 따라 다르지만 일부 학교는 영재학교 진학을 기타에 넣기도 한다. 취업자와 미상 인원도 표기된다.

  엄마들은 이 중학교가 어떤 고등학교에 진학을 시켜줄지가 궁금하다. 과학고는 몇 명 보냈는지, 외고는 몇 명 보냈는지, 영재학교 진학률은 명확하게 보여주지 않아 답답하기도 하다. 이 자료만 봐서는 자율고에 대해선 혼란이 올 수도 있다. 엄마들은 일단 자사고라는 명칭이 익숙하고 전국적으로 모집하는 용인외대부고, 민사고, 하나고, 상산고를 말하는 것인지 광역으로 모집하는 중동고, 현대고, 세화고를 말하는 것인지 답답해 한다.

  하지만 자료를 잘 살펴보고 분석하면 어느 정도 필요한 도움을 받을 수 있다. 과학고와 외고 인원을 비교했을 때 진학 인원이 골고루 분포되어 있으면 이과와 문과 모두에게 골고루 공부를 시키는 학교라는 것을 파악할 수 있다.

  과학고 진학 인원이 많으면 학습은 주로 이과 중심이고, 수학과 과학 시험 난이도가 꽤 어렵다는 사실을 눈치 채면 된다. 그 반면 외고 인원이 많으면 학생 전반적으로 영어 과목이 강하다. 특히 여자 중학교에서 이런 현상이 두드러진다는 것도 알게 된다. 자율고 인원이 많으면 대부분 자율고 고등학교와 같은 재단이거나 비싼 학비를 내더라도 좋은 고등학교에 보내고자 하는 학부모가 거주하는 교육 특구다.

학업 성취 사항에서는 교과별 평가 계획에 관한 사항과 교과별 학업 성취 사항을 볼 수 있는데 이 자료를 통해 학교 교육 현황과 학생들의 학업 수준을 파악할 수 있다. 즉, 얼마나 잘 가르치고 공부 잘하는 학생이 얼마나 많은가를 알 수 있다.

중학교에서 학업 평가 방식은 절대 평가제다. 절대 평가제 방식으로는 90~100점까지 모두 A에 해당한다. 아이가 성적이 좋다면 A를 받는 것을 당연히 목표로 해야 할 것이다. 그러나 학교마다 수준이 다르고 출제 경향도 다르기 때문에 입학 전 어느 정도까지 준비해야 하는지 파악하는 것이 도움이 된다.

입학을 원하는 학교를 정했다면 그 학교 시험지도 먼저 구해보도록 하자. 각 과목별 학교 시험 문제 수준을 고려해서 준비한다면 A를 받는 것이 어렵지 않다. 그러나 이런 준비 없이 입학해 첫 시험을 치른다면 생각보다 높은 난이도에 놀랄 수도 있고, 너무 쉬워서 변별력이 떨어진다고 느낄 수도 있다. 실제로 영어를 자유롭게 말하고 쓸 정도의 실력을 요구하는 학교가 있는가 하면, 단순히 문법 실력만 체크하는 학교도 있다. 학교별 정보와 경향을 파악하는 것이 엄마의 일이다. 또한 국제중학교 등 전국 단위의 학생을 대상으로 입학 시험을 치르는 학교는 입학 요강을 분석해야 한다.

학군과 관련된 정보는 아래 사이트에서 찾을 수 있으니 참고하기 바란다.

학교알리미	www.schoolinfo.go.kr [학교명 찾기]	졸업생 진로 현황 학생 수/학급 수
학구도안내서비스	schoolzone.emac.kr [학교 이름 검색] [아파트 이름 검색]	학교군/ 중학교 목록 초등학교, 중학교, 고등학교
부동산다이어트	www.bdsdiet.com [학교 이름 검색]	초: 교사 1인당 학생 수/ 학급당 학생 수 성별 교원 비율 중: 졸업생 진학률/ 학업 성취도 교과별 성적 사항 고: 서울대 합격 수/ 학업 성취도 교과별 성적 사항
베리타스알파	www.veritas-a.com	학교별 진학 실적

공부법 '어떻게 해야 할까?'가 고민이다

사실 초등 5~6학년은 공부에 집중해야 하는 시기다. 초등 저학년 때 공부를 안한 학생도, 아니 엄마들도 이제 슬슬 불안해진다. 곧 중학교에 입학해야 하기 때문이다. 이 시기는 사춘기가 겹쳐 있어 아이들에 대한 지도와 통제가 어렵다. 집에 오면 방문을 닫고 자기만의 세계에 빠지기 때문이다. 말수도 적어지고 행동도 굼뜨게 된다. 어떤 생각을 하는지, 어떤 일을 하는지 도통 알 수 없는 비밀의 세계가 펼쳐진다.

엄마들은 사춘기 자녀의 눈치도 봐야 하고, 중학교 준비도 시켜야 하는데 마음만 급하다. 동네 학원에서는 선행학습 안 하면 큰일 난다고 광고하며 연신 문자와 카톡으로 소식을 전한다. 여행이다 캠핑이다 주말만 되면 놀러 다니던 학교 엄마들도 '수학 진도가 어디까지 나갔더라, 영어 문법은 어느 학원이 잘 가르친다더라'며 대화의 주제가 공부 쪽으로 돌아서 버리는 것이 현실이다. 초등 4학년까지 공부 습관을 만들어 놓은 집도 중학교에 대한 부담은 크다. 하물며 이제 공부를 시작하려는 집은 오죽하겠는가?

초등 5~6학년은 중학교 준비 기간이다. 즉 중학교 시험(평가)에 대비해야 한다. 중학교 1학년은 자유학년제인데 자칫 시험이 없다고 오해할 수 있다. 중간·기말고사 등 지필고사는 없지만 수행평가라는 과정형 평가가 있고, 이는 단순 암기가 아닌 학업 역량이 필요하기에 초등 고학년부터 준비하는 것이 좋다. 중학교 수행평가는 과

221

목별로 과제가 있는데 대부분 시작은 독서로 한다. 즉, 단원과 관련된 책을 읽으면서 출발하는 것이다.

① 독서

독서는 엄마들이 워낙 중요하다고 알고 있고, 책 한 권이라도 더 읽게 하려고 수년간 노력을 한다. 엄마표라는 이름으로 책을 읽히는 카페나 모임도 많다. 그런데 이게 초등 고학년이 되면 딱 두 부류로 나뉘게 된다. 책이라면 진저리가 나서 도망가 버리는 아이와 책 읽는 게 너무 재미있어 틈만 나면 책을 펼치는 아이. 초등 고학년 때에도 책을 열심히 읽는 아이는 중학교 자유학년제가 세상 편하다. 본인이 읽은 독서 경험을 바탕으로 수행평가를 하는 것이 지극히 자연스럽기 때문이다. 그 반면 초등 3학년부터 책을 손에서 놓은 학생은 학교에서 권장하는 책도 읽기 힘들고, 특히 자유 주제에서는 어떤 책을 골라야 할지 당황하게 된다.

독서는 습관이다. 기본적으로 어릴 때부터 책을 잘 읽어온 아이들은 자라서도 큰 어려움 없이 독서를 한다. 문제는 습관을 잘못 들인 경우다. 너무 어릴 때부터 과도한 독서량으로 압박 당했다거나, 무조건적인 독후 활동을 시켰다면 그에 대한 피로도가 책을 싫어하는 부작용으로 나타나는 것이다. 책이라고 해서 다 좋은 것도 아니다. 양서를 고르는 눈을 갖추기도 전에 너무 자극적이거나 난잡한 내용에 빠져 버릴 수도 있다. 책에 흥미를 가질 틈도 없이 영상 미디어로 넘어가는 경우도 허다하다. 의외로 어린이들에게 난독증이 많다고 하니 주의해서 봐야 할 것이다.

② 국어

중학교 1학년 자유학년제에서는 글쓰기 능력과 말하기, 토론하기 능력이 많이 요구된다. 우리 아이가 책 한 권을 읽고 본인의 생각을 글로 쓸 수 있는지, 선생님의 질문에 제대로 답할 수 있는지, 친구들 앞에서 제대로 발표할 수 있는지 같은 국어의 기본 능력을 갖춰야 할 것이다. 만일 국어 학습을 소홀히 했다면 지금이라도 늦지 않았으니 교재 한 권을 사서 처음부터 끝까지 풀어보라고 권한다. 1년 만 충실하게 해보면 다음 학년부터는 쉬울 것이다. 국어, 생각보다 만 만한 과목은 아니다.

③ 영어

영어는 중학교 입학 전 한국식 문법을 공부해야 한다. 그 이유는 중학교 영어 시험지를 보면 알 수 있다. 학교에 따라 다르지만 문법 문제가 30퍼센트 이상 출제된다. 문법을 미리 정리해 놓고 어휘 공 부까지 하면 중학교 시험은 쉬울 것이다. 중학교 시험에 나오는 영 어는 초등 고학년 때 시작해도 된다. 너무 빨리 해도 영어가 재미없 고, 너무 늦게 해도 시험 성적이 나빠진다. 영어 독서와 함께 문법 공 부도 한다면 세련된 영어 문장을 쓰고, 말할 수 있을 것이다. 실제 강남권 중학교 1학년 영어 수행평가는 제목만 제시하고 영어로 A4 한 장에 쓰는 문제도 나온다.

④ 수학

수학은 엄마들이 워낙 걱정을 많이 해서 선행학습을 시키는 경우가 많다. 그리고 몇 년 선행이라고 자랑을 하기도 한다. 초등 고학년 수학은 제 학년 심화가 중요하다. 제아무리 몇 년 선행을 해도 제 학년 문제를 못 푼다면 허당인 셈이다. 최상위 수학도 풀고 전국 규모의 경시대회에 나가서 본인의 실력을 객관적으로 평가하는 것도 중요하다.

초등 고학년은 진로 탐색의 시기

초등학교는 초등 저(1~2학년), 초등 중(3~4학년), 초등 고 (5~6학년)로 나뉘는 데 중학교 1학년 자유학년제를 고려한 다면 초등학교 5~6학년과 중학교 1학년은 실질적으로 같은 그룹으로 봐야 한다. 즉, 중학교 입학 준비를 시작하는 초등 고학년부터 진로 탐색과 선택 활동이 본격적으로 이 뤄지는 시기라는 뜻이다. 이 시기 진로 고민과 학습은 아이의 몫이다. 물론 엄마가 옆에서 여러 방면으로 정보를 알려주고 도움을 줄 수는 있지만 자기 인생에 대한 선택과 결정까지 엄마가 해줄 수는 없다. 그렇기 때문에 혼자 할 수 있는 힘을 길러줘야 한다.

자유학년제, 제대로 알고 알차게 보내자

자유학년제는 중학교 1학년 때 다양한 체험 활동을 통해 자신의 꿈과 끼를 찾는 제도를 말한다. 2016년 전국의 모든 중학교에 도입된 자유학기제를 시작으로 2020년 1월 기준으로 전국 중학교의 96.2퍼센트가 자유학년제를 시행하고 있다. 학생들의 진로를 탐색하는 의도로 중간·기말 고사를 모두 없애고 참여형 토론 수업과 동아리 활동의 비중을 높였다. 학기당 두 번 치르는 지필고사가 없다는 것은 학생이나 엄마에게 큰 여유로 다가올 것이다.

수업은 크게 오전 수업과 오후 수업으로 나뉜다. 오전에는 토론과 발표가 중심인 교과 과목 수업이, 오후에는 동아리, 예술 체육, 진로 활동 등 활동 중심 수업이 이뤄진다. 자유학년제에서 가장 중요한 것은 오전이든 오후든 수업에 적극적으로 참여해야 하고 수업뿐 아니라 과제인 수행평가도 최선을 다해야 한다. 지필고사가 없는 대신 수업 참여도와 수행평가 과제가 아이들의 학습 태도와 역량을 평가하는 도구로 쓰이기 때문이다.

수행평가는 교사가 학생의 전체적인 과제 수행 과정을 서술적인 표현을 통해 평가하는 것으로, 점수의 기준과 감점 요인 등이 명확하게 제시돼 있다. 즉, 사전 평가표를 통해 평가 기준을 제시한다. 수행평가는 잘하는 학생에게 점수를 주는 가점제가 아니라 평가 기준에 부족한 항목을 감점하는 감점제다. 즉, 7점짜리 수행평가인데 제출은 했으나 평가 기준에 부족하면 0점을 받을 수도 있다. 우리 아이들은 과목 선생님이 알려주는 평가 기준을 이해하고 이를 지켜야 한다. 대부분 평가표는 교실 뒤 게시판에 붙어 있다. 관심 있는 학생은 사진을 찍어 기억하려고 하고, 관심 없는 학생은 제멋대로 과제를 제출한다.

엄마나 아이가 수행평가에 관심이 없다면? 중학교 1학년은 그저 놀고 즐기며 행복하게 보내면 된다. 대신 학교 생활 기록부는 엉망이 될 것을 각오해야 한다. 학교 생활 기록부에는 교과 활동 상황이라고 성적을 적는 항목이 있다. 지필고사를 볼 경우 시험 점수가 올라가는데 하단에는 과목 선생님들이 써주는 세부 능력 및 특기 사항이 있다. 세부 능력 및 특기 사항(이하 세특)은 서술형으로 기재되는데 학생의 수업 참여도, 발표 능력, 과제 평가 등이 종합적으로 들어간다. 중학교 1학년 자유학년제에서 학교 수업 참여는 소극적으로 하고, 수행평가도 제멋대로 제출하면 세특에 좋은 평가가 입력되지 못할 것이다. 세특은 상급학교에서 눈여겨보며 시험 점수보다 오히려 그 영향력이 크다.

그 이유는 중학교 성적의 평가 기준 때문이다. 중학교 내신은 절대평가제로 평가하는데 이는 시험 원점수에 따라 등급을 주는 방식이다. 예를 들어 99점을 받은 학생이나 90점을 받은 학생이나 똑같이 A 등급을 받는다는 얘기다. 석차대로 줄을 세우던 과거와는 다른 방식이기 때문에 이러한 절대 평가제로는 우수한 학생을 분별하기가 어렵다. 그래서 세특의 중요성이 더욱 강조되고 있다. 성적 등급으로는 표현되지 않는 학생의 태도나 적극성, 성실성 등이 세특을 통해 드러나기 때문이다. 세특은 이미 입시의 핵심이라는 것을 알 만한 사람들은 다 안다.

입시와 연관 짓지 않더라도 아이의 꿈을 확인하는 자유학년제는 의미가 있다. 꿈이 있는 아이는 그렇지 않은 아이보다 더 열심히 자유학년제에 참여한다. 자기가 꿈꿔온 진로를 찾는 활동을 한다는데 적극적이지 않을 이유가 없지 않나? 즐기는 동시에 열심히 참여해 좋은 평가를 받는다. 그러나 아직 꿈을 정하지 못한 아이라면 이 시간이 힘들 수 있다. 무엇을 하고 싶은지 본인도 모르겠는데 '당신의 꿈과 관련된 세 권의 책을 읽고 느낀 점을 쓰시오' 등의 과제가 나오니 막연하고 답답하다. 같은 과제도 아이에 따라 다른 난이도로 느껴질 수 있다. 그러므로 어린 시절부터 가정에서 꿈과 진로에 대한 대화를 많이 하길 바란다. 특히 초등 4학년 때부터 진로와 관련된 독서가 중요하다는 점을 다시 한 번 강조하고 싶다.

꿈을 찾는 여행을 떠나라

사실상 가족과 여행을 갈 수 있는 마지막 기회이다. 자유학년제를 핑계로 여행도 가고 진로와 관련된 활동도 한다면 더 의미가 있을 것이다. 일부 학원에서는 여행을 못 가게 하기도 하지만 지필고사가 없는 중학교 1학년은 시험 걱정 없이 편안하게 놀다 올 수 있는 황금 기회다.

아이가 중학교 1학년 정도 됐다면 꿈과 진로와 관련된 여행을 해보는 건 어떨까? 건축가를 꿈꾼다면 세계의 유명 건축물을 눈으로 확인할 수 있는 곳으로 떠나자. 책에서만 보던 건물 앞에서 아이의 가슴은 두근거릴 것이다. 굳이 외국이 아니더라도 시간이 없어 미처 가보지 못한 국내의 여러 건축물을 방문해도 좋다. 한국건축문화대상을 수상한 건축물이나 타 지역의 랜드 마크를 찾아가보면 아이의 시야도 넓어지고 진로를 구체화하는 데 도움이 될 것이다.

아이의 꿈이 디자이너라면 시장에 걸린 옷부터 백화점 명품 숍까지 옷의 소재와 부품 등을 눈으로 보고 체험할 수 있는 코스를 넣어주면 좋다. 여건이 된다면 세계 패션 트렌드를 주도하는 이탈리아나 뉴욕도 방문해보자. 아이는 언젠가 그 자리에서 당당하게 일할 자신의 미래를 그려볼 것이다.

혹시 아는가? 중학교 1학년 때 여행 갔던 경험이 우리 아이의 직업을 결정하게 될지. 사실 우리 딸도 중학교 1학년 때 터키 여행을 한 후 동양과 서양에 대한 시야가 넓어지고 세계 각국에 관심을 갖게 됐다. 이후 상급학교 입시에서 제출하는 자기소개서에 터키 여행은 단골 소재로 등장했다. 그만큼 아이에게 준 영향이 컸던 것이다.

교육을 위한 여행이라면 목표를 분명하게 하자. 진로도 탐방하고 영어도 배우고, 역사도 공부하겠다는 등 너무 많은 욕심을 낸다면 이도 저도 아닌 게 된다.

아이들의 연령에 따른 가족 여행지를 추천한다.

샤론코치's TIP

아이와 함께 가는 추천 여행지

아이 연령	추천 여행지	이유
3~7세	괌, 사이판 등 휴양지	아이는 놀아야 하고 어른은 육아 스트레스를 내려놓고 쉬어야 한다. 관광이나 쇼핑 등 하고 싶은 게 많겠지만 아이가 더 큰 다음에 하기로 하고 여유롭게 쉴 곳을 고르자. 대단한 풀빌라가 아니어도 좋다. 수영장과 놀이시설이 딸린 리조트에서 즐기고 식사는 편하게 뷔페로 해결할 만한 곳을 고르자. 외국인 크루들과 영어로 대화하는 모습만으로도 교육이 된다.
10세 이상	미국, 일본, 싱가포르 등 경제 선진국	경제적으로 부유하고 사회 시스템이 잘 잡혀 있는 나라를 추천한다. 선진 문물을 접하는 동시에 다양성을 배울 수 있는 기회이기 때문이다. 너무 빡빡한 코스보다는 체험 위주로 영어 사용 경험을 쌓을 수 있다면 베스트다.
12세 ~중학생	유럽, 아시아 등 문화유산 중심	너무 어릴 때 책에서도 접하지 못한 장소를 굳이 간다면 감흥도 없고 피곤하기만 하다. 초등 고학년이 되어 세계사를 배우면 여행지의 현장이 다르게 보인다. 아이가 역사에 관심이 많다면 모든 코스를 행복하게 느낄 수 있다. 디지털카메라나 스마트폰으로 보고 느낀 점을 기록할 수 있게 해보자. 아이가 찍은 사진에서 다른 시선과 관점을 발견할 수 있을 것이다. 스크랩이나 보고서와 같은 활동으로 이어진다면 더할 나위 없이 좋다. 아이가 성장한 뒤 해외여행을 가게 되면 한국이 생각보다 작은 나라고, 더 큰 세계가 있다는 것을 깨닫게 된다. 아이의 시야가 우리나라를 넘어 글로벌하게 확장될 수 있다.

과목별, 공부 핵심을 파악하라
....

① 국어

　초등학교 고학년 시기 국어 공부의 중요성을 강조한 바 있다. 이때 국어 실력을 향상시키지 못했다면 중학교 1학년이 마지막 기회다. 사교육 시장에서는 집 한 채를 팔아도 국어 점수는 못 올린다는 우스갯소리가 있다. 또 의대를 가느냐 못 가느냐는 수학 점수가 결정하지만, 명문대 의대냐 아니냐는 국어 점수가 결정한다는 얘기도 있다. 그만큼 국어는 점수 올리기가 힘들고 시간도 많이 걸리며, 상위권에서 변별력 있는 과목이라는 뜻이다.

　감사하게도 중학교 1학년은 시험이 없다. 마음만 잡는다면 1년 동안 제대로 도전해볼 시간적 여유가 생기는 것이다. 국어 공부는 편법이 아닌 정도를 걸어야 한다. 조금 늦었더라도 시간과 양으로 승부하면 된다. 먼저 우리 아이가 배우는 교과서의 출판사를 알아보자. 중학교 교과서는 학교마다 출판사가 다르다. 해당 학교의 교과서와 동일한 출판사의 자습서를 사서 1쪽부터 마지막 쪽까지 꼼꼼하게 읽고 풀기를 반복해라. 침착하고 우직하게 파고들어야 하는 지루한 싸움이 될 것이다.

　이처럼 끝을 알 수 없는 승부는 학원에서 절대 도와주지 않는다. 엄마가 직접 가르치지는 못하더라도 계획을 짜서 지켜봐줘야 한다. 이 학습법은 수능 만점을 받은 우리 딸이 선택한 국어 공부법이다. 처음부터 끝까지 차근차근 완주하더니 결국 어떤 시험에도 흔들리

지 않는 단단한 기초를 쌓게 됐다. 중학교 1학년 지필고사가 없더라
도 우리는 실력을 쌓아가는 것이다. 국어가 발목 잡는 과목이라는
것을 알기에 이 힘든 일을 견딜 수 있다. 두고 봐라, 이 때 만들어진
국어 실력이 우리를 얼마나 행복하게 만들지.

② 영어

영어는 아이의 현재 실력에 따라 목표를 달리해야 한다. 만약 아이
가 초등학교 때 영어 공부를 열심히 해서 공인 영어 성적을 만들어
놓았다면 한 번 더 점프하자. 만일 공인 영어 성적이 없다면 지금이
좋은 기회가 될 수도 있다. 여기서 말하는 공인 성적이란 토플IBT이
다. 많은 시험이 있지만 토플을 권하는 이유는 토플은 읽기(reading),
듣기(listening), 말하기(speaking), 쓰기(writing) 네 개 영역을 평가하기
때문이다. 앞으로 영어는 말하기와 쓰기가 더 중요해진다. 실제 중 1
영어시간에도 영어로 말하고 쓰는 것을 요구하는 학교가 많다.

토플은 영역별로 각 30점, 총 120점인데 점수보다 네 영역을 골고
루 발전시키는 게 중요하다. 균형 있게 공부해야 고급 영어로 발전
하게 된다. 아이의 능력에 따라 다르지만, 중학교 1학년 때 토플IBT
60~70점 정도만 만들어 놓아도 수능 시험을 볼 때 무리는 없을 것
이다. 이렇게 공부하고 고 1 겨울이나 고 2 여름에 다시 응시하면 90
점 이상은 나올 수 있기 때문이다. 물론 꾸준히 공부했다는 전제 아
래서다.

만약 현재 아이의 실력이 공인 영어 성적을 준비할 정도가 아니라면 굳이 무리할 필요는 없다. 오히려 학교 시험에 대비하는 것이 맞다. 중학교 1학년 때는 수행평가에 만전을 기해야 하는데 주로 독서, 쓰기, 말하기가 많다. 책도 꾸준히 읽고 문법 정리, 어휘 공부를 열심히 하면 충분하다.

영어 원서 읽기를 통해 자연스러운 영어 문장을 익히는 것도 중요하다. 이런 과정을 통해 영어에 대한 자신감이 생긴다면 중학교 1학년 겨울방학 때 공인 영어 성적에 도전하는 것도 의미가 있다.

③ 수학

수학은 많은 학부모가 부담을 느끼는 과목이다. 사교육 마케팅으로 인해 수학에 대한 이미지는 실제보다 더 대단한 과목으로 부풀려져 있다. 그래서 마치 모든 아이가 수학경시대회를 준비해야 하고, 몇 년씩 선행학습을 해야 한다고 생각한다. 그러나 이것은 잘못된 허상이다. 대부분의 아이들은 수능 수학을 목표로 공부한다. 그리고 그 전 단계는 학교 시험에서 90점 이상을 맞는 것이다. 물론 영재학교나 과학고를 목표로 하는 학생이라면 선행학습도 하고, 경시대회도 준비한다.

수학이야말로 매일매일 차근히 진행하며 실력을 쌓아가는 과목이다. 그 때문에 자칫 학원 마케팅에 휘둘려 단번에 수학 진도를 선행학습으로 급하게 빼는 실수를 범하지 말자. 여기저기에서 '수학 3

년을 선행했네, 4년을 선행했네' 등의 소리가 들려오면 자신의 기준을 가지고 묵묵히 공부를 시켜오던 엄마도 가슴이 조마조마해진다. 선행학습한 그들이 과연 학교 시험을 100점 맞는지 지켜봐야 한다. 선행학습은 아이 능력에 맞게 진행하고, 학교 시험을 충실하게 준비해서 A 등급을 받는 것이 먼저다.

앞서 얘기했듯 중학교 1학년 내신에는 지필고사가 없으며 수행평가가 중심이다. 그러나 중학교 2학년부터는 지필고사가 시작되니 학교 시험지를 구해 출제 경향을 알아두고, 차근차근 내신 준비를 해두자. 꿈이 있는 아이의 의지와 엄마의 조력이 함께한다면 어려운 중학교 공부도 한 걸음 한 걸음 즐겁게 배워나갈 수 있다.

내 아이가 공부를 못한다면?

지금까지 아이의 연령에 따른 부모의 역할과 학습 방법에 대해 이야기했다. 성적이 우수하거나 일반 수준의 아이들에게 적용하기 괜찮은 정보였으리라 생각한다. 그런데 독자 중에서는 아이 성적이 보통 수준에 미치지 못해 걱정인 부모도 있을 것이다. 과목별 공부 팁을 실천하고 싶어도 아이의 성적이 안 따라주니 포기하고 싶을 수도 있다. 공부와는 담 쌓은 아이, 부모는 어떤 입장을 취해야 할까?

만약 내 아이가 공부를 못한다면 엄마는 탐정이 사고 현장을 조사하듯 원인과 결과를 파악할 필요가 있다.
'진짜 머리가 나쁜가?', '공부 습관이 안 잡혀 있나?', '공부 말고 다른 것에만 관심이 있나?', '아니면 공부를 하고 싶어도 할 수 없는 환경일까?'
여러 가설을 세워보고 유심히 관찰하자.
공부를 하고 싶어도 할 수 없는 상황은 의외로 많다. 엄마가 모르는 사이에 왕따를 당하고 있거나 선생님과 마찰을 빚는 경우다. 문제를 찾았다면 묵인하거나 회피하지 말고 빠르게 해결해야 한다.

특별한 경우가 아니면 대다수 아이들은 다른 것에 관심이 있어서 공부를 멀리한다. 아이돌에 빠져 있거나 춤이나 게임을 공부보다 더 좋아하는 것이다. 이 책을 편 김에 진로에 대해 진지하게 고민해보는 것도 좋겠다. 중요한 것은 부모의 관심이다. 실제로 관심이 많아야 할 뿐 아니라 아이가 느끼기에도 '엄마 아빠가 내 꿈을 진지하게 고민해주고 있구나'라고 느끼게 만들자.

예를 들어 아이가 게임에 관심이 있다면 수소문해서라도 프로게이머와의 만남을 주선해본다. 대부분의 사람은 본인의 직업을 꿈꾸는 아이를 위해 여러 가지 솔직한 조언을 해준다. 게임 업계의 상황이나 게이머가 되기 위해 공부해야 할 것들, 보이는 것과 실제 삶이 어떻게 다른지 등.

그리고 성공한 사람들은 '공부할 필요 없다' 등의 말은 잘 하지 않는다. 오히려 '지금 현재 상황에서 먼저 할 수 있는 공부를 열심히 하라'라고 조언할 것이다. 본인들이 전문가의 자리에 오르기까지 숱한 시행착오를 거치면서 공부가 부족해 속상했던 일을 한두 번쯤은 겪어봤기 때문이다.

직업 중에는 신체 조건이 필수적으로 수반돼야 하는 일도 있다. 안타깝게도 아이가 그 조건을 타고나지 못했다면 처음부터 솔직하게 말해주는 것도 도움이 된다. 예를 들어 발레리나는 춤 솜씨뿐 아니라 작은 얼굴, 긴 목, 가늘고 긴 팔다리 등의 신체 조건이 필수다. 하지만 발레를 너무 사랑하는 내 아이가 그런 체형을 타고나지 못했다면? 좌절하지 말고 발레와 관련 있는 다른 일을 알려주자. 꼭 무대 위에서 주목받는 무용수가 되지 않더라도 발레 공연에 필요한 음악이나 무대장치 등, 그 분야에 필요한 다른 역할을 해내는 전문 직업인은 많다. 모든 사람이 스타 플레이어가 될 수는 없다. 관련 사업으로 시야를 확장시켜 주는 것도 아이에게 동기부여가 된다.

무조건 아이가 꿈꾸는 것을 잘라내지 말고, 이룰 수 있다면 도와주자. 직접적으로 원하는 직업을 갖지 못하게 되더라도 관련 업종에서 필요한 일을 알려주는 것도 좋다.

꿈이 있는 아이가 공부를 멀리하는 이유는 마음이 급하기 때문이다. 지금 빨리 행동을 먼저 해야 한다고 생각해서다. 댄서가 되고 싶은 아이는 공부할 시간이 아까울지도 모른다. 그저 24시간 내내 춤을 춰서 하루빨리 꿈을 이루고 싶을 것이다. 그러나 어떤 직업은 정년이 보장되지 않는다. 댄서나 운동선수처럼 몸을 사용하는 직업은 신체적 기량이 뛰어난 20대가 지나면 더 이상 지속하기 어렵다. 댄서를 은퇴한 뒤 춤과 관련된 사업을 지속할 수 있는 역량도 필요하다는 것을 알려주자. 아이의 좁은 생각을 넓게 만들어주는 것도 부모의 역할이다. 외국에서는 운동선수를 양성할 때 정년 이후의 삶까지 고려해 운동과 공부를 함께 시킨다. 이처럼 직업에 관해 우리나라와 외국의 시스템과 사고방식이 다른 경우가 꽤 있다. 그러므로 아이의 꿈을 위해서 엄마도 여러 모로 공부할 필요가 있다. 우리나라에는 아직 소개되지 않은 직업이 외국에서는 활성화돼 있거나 사회적으로 대우받는 경우도 있다.

또 새로운 시대에 따른 직업이 외국에서 먼저 생겨 나중에 한국으로 들어오는 경우도 있다. 내 아이가 진정 전문가로 성장하길 바란다면 글로벌한 마인드 또한 중요하지 않을까. 경제적 여유는 필수적이고, 아이들과의 대화도 필요하다.

공부의 기초가 없거나 과목에 대한 트라우마가 있어서 공부를 못하는 아이들도 있다. 시험의 실패, 그리고 인정받지 못한 트라우마로 정신적으로 학업을 이어가기 힘든 경우다. 이럴 땐 각 사례별로 적합한 방법으로 해결해야 한다. 우리나라에서 벗어나 외국으로 가거나 대안학교의 문을 두드려보는 것도 방법이다. 그러나 심각한 경우가 아닌 이상, 지금의 공교육 상황에서 최선을 다해보라고 권하고 싶다.

아이 머리를 탓하는 부모들도 많다. 사실 이건 말도 안 되는 핑계다. 공부? 힘들다. 양도 많고 어렵고, 경쟁하는 것도 보통 일이 아니다. 하지만 나는 우리나라의 학교 공부는 머리와는 아무 상관이 없다고 생각한다. 평균 수준의 지능, 아니 설사 평균보다 조금 떨어진다 해도 누구나 도전하고 좋은 결과를 얻을 수 있는 난이도의 학습이기 때문이다. 만약 카이스트대학에서 물리학 연구를 하던 연구자가 자기 머리를 탓하며 꿈을 접었다고 하자. 다른 동료들에 비해 모자란 지능 때문에 프로젝트의 성공과 실패가 갈렸다고 한다면, 충분히 납득할 수 있을 것 같다.

그러나 입시니 수능이니 하는 것은 영재를 대상으로 만든 시스템이 아니다. 일반인 대상의 공교육이다. 다시 한 번 학습 목표와 방법, 태도를 점검하길 바란다. 대한민국 입시는 평균 지능을 가진 학생을 위한 제도다. 다만 누가 끝까지 노력하느냐가 관건이다.

나와 가족,
패밀리 비즈니스

나와의 관계,
그것부터 챙겨라

대한민국에서 여자로 산다는 것. 그것도 가정을 이루고 아이를 키우며 산다는 건 감당하기 버거운 고난의 연속이다. 해야 할 일은 끝이 없는데 돈은커녕 존중조차 받기 어렵고, 남편 마음과 시부모 심기를 두루 살피며 참고 또 참는다. 돈이 많으면 많은 대로, 없으면 없는 대로, 얼굴이 예쁘면 예뻐서, 못생기면 못생겨서 별별 이유로 불행한 여인들을 나는 수없이 만났다. 누굴 탓하랴, 나를 행복하게 만들어줄 사람은 세상에 단 한 명, 바로 나 자신뿐이다.

나를 사랑할 준비

전구 하나 갈아주는 사소한 일도 차일피일 미루다가 생색내는 남편, 본인 몸에 묻은 먼지는 전광석화처럼 닦아내면서 방바닥에 굴러다니는 먼지는 눈을 뜨고도 못 보는 아이들.

가족들의 뇌리 깊숙한 곳엔 '집안일은 내 일이 아니다'라는 개념이 자리 잡고 있다. 먹고 치우고 빨고 청소하는 자질구레한 모든 일은 아내이자 엄마의 일이며 가끔 본인들이 직접 할 때는 '도와주는 것이다'라고 생각한다.

이 모든 일이 안 돼 있을 때 비난을 받는 것은 오롯이 여자의 몫이다. 남편들은 나가서 이렇게 말할 것이다.

집이 더러우면, "우리 마누라가 게을러서."

먹을 게 없으면, "우리 마누라가 요리를 못해서."

애가 공부를 못하면, "우리 마누라는 도통 아는 게 없어서……."

맞벌이하는 여자 쪽이 지위와 소득이 높다고 해도 상황이 크게 나아지지는 않는다. "너 돈 좀 번다 이거니?"라는 얘기를 시댁에서 듣지 않으려면 자세를 낮추고 화를 참아내야 하는 경우가 허다하다.

이런 현실 속에서 많은 여성이 자기 자신을 잃고 가정의 부품으로만 존재한다. 한때는 좋은 교육을 받고 젊음을 뽐내고 다녔던 여성들도 어느 순간 자신이 먼지가 된 것 같은 느낌에 계속 위축되는 것을 수없이 봐왔다.

'나를 먼저 사랑하자'라는 말.

어디선가 많이 듣기는 했지만 정확히 어떻게 사랑해야 하는지도 이젠 가물가물하다. 나는 자신을 사랑하는 것이 수학 문제처럼 알쏭달쏭한 여성들에게 조금 더 쉬운 말로 풀어주려고 한다.

"내가 좋아하는 것을 하자."

내가 좋아하는 것을 하는 것이 나를 사랑하는 것이다. 혼자 있는 게 좋다면 혼자 있는 시간을 확보해야 한다. 옷 사는 게 좋다면 한 달에 한 벌씩이라도 쇼핑하면 된다. 책 보는 게 좋으면 책을 사서 읽는 여유를 마련해야 한다.

사랑한다는 것은 쉽고 단순해야 한다.

'나는 훌륭한 엄마가 되는 것으로 날 사랑하겠어'처럼 애매하고 추상적인 말로 위안을 삼지 말라. 그런 위안은 아무 도움이 되지 않는다.

차라리 내가 뭘 좋아하는지 적어보길 바란다. 내가 무엇을 좋아하는지 정확하게 아는 것부터가 나를 사랑하는 방법이다. 이제, 나를 사랑할 준비가 되었는가?

사랑한다는 것, 관리한다는 것

우리는 사랑하는 사람을 함부로 대하지 않는다. 사랑하는 연인이 요구하는 것을 무시하거나 사랑하는 자녀가 보호받아야 하는 상황에 처했을 때 내버려두지 않는다. 그러나 유독 사랑하는 나 자신에게는 늘 함부로 한다. 간절한 나의 욕구는 무시하고 내 몸과 내 시간이 피해받는 것을 눈 뜨고 그저 보고 있는 것이다. 어느덧 망가져 있는 나를 바라보며 그땐 어쩔 수 없었다고 말하겠는가? 그건 절대 사랑이 아니다.

가족들이 과도한 집안일을 내 몫으로만 남겨둔다면, 그래서 너무 힘이 든다면? 가족들과 역할을 분담해야 한다.

"여보, 이것 좀 당신이 해줘."

"이건 딸이 하자. 이제 이건 네 일이야."

"아들, 이건 네가 하자."

당당하게 요구하고 일을 나눠주자. 아무리 일을 분담한다고 해도 결국은 엄마 일이 제일 많은 건 어쩔 수 없다. 게다가 살림에 서툰 사람들이 하는 일은 손이 더 가게 마련이다. 처음이야 서툴지만 하다 보면 숙련되고 재미와 기쁨도 느낄 수 있다.

어떤 방법으로든 내 몸과 내 돈은 물론, 내 시간도 보호해야 한다.

보호한다는 것은 아무것도 하지 말라는 뜻이 아니다. 다른 사람이 함부로 대하지 못하게 나부터 나를 존중하라는 뜻이다. 어제보다 더 나아진 내 모습을 만드는 것, 발전을 위해 변화하는 것이 나를 보호하는 가장 쉬운 방법이다. 그래서 나는 일상을 유지하는 것도 버거워하는 엄마들에게 더욱더 자기 관리를 얘기하고 싶다.

몸 관리가 안 되면 살이 찌고 자세도 나빠진다. 허리와 골반이 뒤틀리다 보니 결국 여기저기 아프다. 돈 관리가 안 되면 필요할 때 수중에 돈이 없다. 치사해지고 사람들 눈치를 보게 된다. 메뉴를 정할 때도 소심하게 되고 물건을 하나 살 때도 남편 앞에서 주눅이 드는 기분, 느껴본 적 있지 않은가?

나의 외모와 시간, 돈을 고객의 것처럼 관리하면 좋겠다. 그렇게 되면 나를 만나는 사람, 함께 일하는 사람, 함께 사는 가족들까지도 나를 존중하게 된다.

"저 엄마는 항상 깔끔하게 하고 다녀."

"○○ 엄마? 자기 관리 확실하잖아. 시간 어기는 법이 없어."

자기 관리를 제대로 하는 여성은 주변 사람들에게 좋은 이미지로 각인된다. 관리한다는 것은 신뢰를 쌓는 일이다. 신뢰는 실력으로 연결되고 결국 그 사람이 브랜드가 된다. 기회가 된다면 돈과 연결되는 것도 좋다.

사랑은 액션이다. 막연해서는 안 되고 현실적으로 해야 한다.

나를 사랑하기 위해 내 몸과 시간, 돈을 보호하려면 무엇부터 해야 할까? 운동? 독서? 저축? 그게 무엇이 됐든 구체적인 내용을 노트에 기록하면 좋다.

이런 마음은 어느 순간 불끈 솟아올랐다가도 하루 이틀 지나면 흐지부지되게 마련이다. 모두 경험해봤을 것이다. 처음에는 뜨겁게 타올랐지만 여러 핑계로 기억 속에 묻혀 버린 수많은 결심들 말이다.

"에휴, 내가 이렇지 뭐……."

"이렇게 한들 누가 알아줘? 돈 되는 것도 아닌데."

"나 너무 인생 팍팍하게 사는 거 아닌가?"

언제나, 누구에게나 핑계는 있다. '다이어트는 내일부터'라는 말이 괜히 나온 게 아니다.

내 결심을 흔드는 유혹을 이겨내는 방법은 간단하다. 내가 쓴 기록을 보며 지키지 않은 스스로에게 창피함을 느끼는 것이다.

'나이가 마흔다섯인데 애한테는 학습지 안 한다고 야단치면서 적어 놓은 것 중 하나를 제대로 못 지키네……'

나 자신을 들여다보자. 사랑하는 나를 위해 움직이고 변화해야 할 대상은 결국 나 자신이다.

나는 나를 위해 무엇을 할 수 있을까? 지금 당장 적어보자. 그 자극
으로 내 주변을 변화시키는 것이 시작이다.

나에게는 꿈이 있는가?

우리는 아이들에게 습관처럼 묻곤 한다. "너는 꿈이 뭐니?"

잘 모르겠다고 하는 아이들도 있고 머뭇거리며 부끄러워하는 아이
도 있지만, 까만 눈을 빛내며 또박또박 말하는 아이도 있다.

"디자이너요."

"연예인 될래요."

"대통령 되고 싶어요."

허무맹랑한 대답이 나오거나 기대보다 못한 답이 나오더라도 어른
들의 입가엔 저절로 미소가 지어진다. 꿈이 있는 아이의 얼굴은 그 꿈
에 대해 말하는 순간만큼은 설렘과 기대로 반짝이기 때문이다. 무언
가를 간절히 원하고 바라는 그 마음이 얼마나 예쁘고 소중한지 이제
우리는 알고 있다. 꿈이 있다는 것 자체만으로도 하루를 견뎌낼 힘을
얻고 어려운 일이 닥쳐오더라도 쓰러지지 않고 다시 일어나기 때문
이다.

아이 말고 당신은 어떤가? "꿈이 있나요?"라고 물어봤을 때, 설렘과
기대가 가득 찬 얼굴로 당당하게 그렇다고 대답할 수 있는가?

어린 시절 일기장에 꾹꾹 눌러 적던 나의 미래, 책에서 본 멋진 여
성을 롤 모델 삼아 공부하던 학창 시절, 성적에 맞춰 학과를 정하면서

도 수만 번 고민했던 진로와 적성, 높은 경쟁률을 뚫고 들어간 회사, 차근차근 배우고 경험하며 쌓아온 커리어, 쳇바퀴처럼 굴러가는 일상 속에서도 한숨 고르며 꿈꿔보던 미래의 모습.

지금은 가물가물하지만 당신에게도 분명 꿈은 있었다.

이 책을 읽는 독자 중에는 워킹맘도 있을 것이고, 전업맘도 있을 것이다. 이 시대를 사는 여성 대부분은 결혼하기 전, 또는 아이를 낳기 전까지 경제활동을 한다. 그러다 결혼과 출산의 과정을 지나며 다시 복귀하지 못한 경우도 있고, 어떻게든 일을 지속해보려고 했으나 아이를 돌볼 상황이 여의치 않아 일을 그만둔 경우도 있을 것이다.

지금은 아이를 키우고 눈앞에 닥친 집안일을 처리하느라 가족들의 그림자로 살고 있지만 불과 몇 년 전까지만 해도 당신 역시 한 명의 여성으로 당당히 사회 안에서 존재했던 사람이다. 그리고 물론 꿈이 있었다. 그 실체를 뚜렷이 바라보지 않아 퇴색되고 가려졌을 뿐이다.

비 온 후 다음날을 생각해보자. 며칠째 뿌연 공기 때문에 숨 쉬는 것도 힘들었지만, 한바탕 큰비가 쏟아지고 나면 세상은 이전과는 전혀 다른 색깔을 띤다.

미세먼지 한 점 없는 하늘은 눈부시게 예쁘다. 파란 하늘빛은 몇 번을 봐도 질리지 않고 구름은 구름대로 가슴이 떨릴 정도로 아름답다. 풀도, 나무도, 그 옆에 서 있는 건물까지도. 원래 이런 빛깔이었는지 걸음을 멈추고 한참을 보게 된다.

그러나 세상이 바뀐 게 아니다. 먼지가 걷혔을 뿐이다. 하늘도, 구름도, 나무와 풀과 건물도, 언제나 그 자리에 있었는데 지저분한 먼지에 가려 안 보였을 뿐이다.

엄마들의 꿈도 마찬가지라고 생각한다. 꿈은 쉽게 사라지거나 움직이지 않는다. 언제나 그 자리에 있었다. 그저 사는 게 힘들어서, 남편과 자식 먼저 챙기느라, 급한 일 먼저, 중요한 일 먼저 하느라 잠시 가려둔 것뿐이다.

나는 지금 당신의 꿈을 묻고 있다. 그리고 꼭 꿈을 이루라고 응원해주고 싶다. 아마 이런 말을 들으면 좀 뜬금없다고 생각할 수도 있다. '내 나이가 마흔인데 꿈을 이야기하기엔 너무 늦은 거 아닌가?' 하고 고개를 갸웃거릴 수도 있다.

절대 늦지 않았다. 지금은 아이를 돌보느라 눈코 뜰 새 없이 바쁘고 복잡하며 마음의 여유가 없을 것이다. 그러나 이 시간은 금방 지나가게 마련이다. 아이가 열 살만 돼도 엄마가 손수 관리해야 할 부분이 많이 줄어든다. 중학교와 고등학교에 가면 한밤중 귀가가 현실이다. 그때가 되면 집 안에 머무르는 시간이 예전과는 다르다. 아마 지루할 정도로 시간이 남을 것이다. 그 순간, 당신은 무엇을 하고 있을 것인가?

'나의 꿈은 무엇일까?'

꿈은 거창할 것도 없고 부끄러울 것도 없다. 지저분한 유리창을 닦아내듯 거추장스럽게 꿈에 달라붙은 멍에를 떼어내고 그 본질을 바라보자. 막연하다면 내가 무엇을 할 때 행복했는지 생각해보자. 그리고 무엇을 해야 행복해질지 떠올려보자. 단순하게 행복만 추구하면 발전도 없고 지루해진다. 긍정적인 긴장을 통해 삶의 상향곡선을 그려내야 한다. 꿈이 떠올랐다면 표현해야 한다. 구체적으로 실체를 표현해야 그 꿈은 비로소 이뤄진다.

꿈은 저절로 이뤄지지 않는다

〈버킷리스트〉라는 영화가 있다. 죽음을 앞둔 자동차 정비공과 백만장자가 한 병실에서 만나 죽기 전에 꼭 해야 할 일을 적은 목록을 들고 여행을 떠난다는 이야기다. 여기서 '버킷'이란 양동이란 뜻이다. 중세 시대 교수형을 집행할 때나 자살할 때 올라가는 양동이를 걷어찬다는 뜻의 '킥 더 버킷(kick the bucket)'이란 숙어에서 유래한 말로, 죽음 직전에 꼭 하고 싶은 목록을 버킷리스트라고 부른다.

생을 마감하기 전에 적은 목록이라니, 그것을 쓴 사람의 마음은 얼마나 간절하고 절실하겠는가?

버킷리스트에 뜬구름 잡는 소리를 쓰는 사람은 없을 것이다. 상황이 간절한 만큼 막연하거나 거창하거나 애매할 수 없지 않겠는가. 목록을 확인해 나가며 지울 수 있게 구체적이고 단순한 내용을 적는다.

꿈을 표현하는 방법은 너무도 간단하다. 종이에 적어본다.

나는 이 단순한 작업을 엄마들을 대상으로 한 강의 시간에 종종 해보았다. 그리고 이것을 '드림리스트'라고 불렀다. 드림리스트도 마찬가지. 배우고 싶은 것, 가고 싶은 곳, 사고 싶은 것까지 구체적으로 나열해보는 게 중요하다.

"스마트폰으로 사진 잘 찍는 방법을 좀 배워보고 싶어요."
"신혼여행지로 갔던 스페인에 가족들과 꼭 다시 가보고 싶어요."
"몇 년 안에 제가 운전할 수 있는 SUV 한 대 사는 게 꿈이에요."
"집에 나만을 위한 작은 책상 하나가 있으면 좋겠어요. 내년에 이사가면 꼭 책상 하나 사려고요."

너무 소박한 꿈이면 어쩌지? 너무 속물적이라고 남들이 욕하면 어쩌지? 걱정할 필요가 없다. 내가 원하는 나의 꿈 아닌가? 무엇이든 적어보자. 가능하면 종류별로 섹션을 나눠서 적으면 좋다. 섹션은 사고 싶은 것, 배우고 싶은 것, 가고 싶은 곳, 하고 싶은 것, 가족과 관련된 것 정도로 나누면 적당하다. 볼펜이 아닌 연필로 쓰거나 컴퓨터를 켜고 문서 파일로 만들어도 좋다. 아무 때나 마음먹었을 때 자유롭게 수정이 가능하면 된다. 20개도 좋고, 50개도 좋고, 많으면 100개까지 적어도 상관없다. 벽에 붙여도 좋고 스마트폰에 저장해도 된다. 자주 들여다보는 게 중요하다.

꿈의 실체를 바라보게 되면 이루고 싶어진다. 처음엔 그저 단순하게 좋아하는 것을 하는 것으로 만족했지만, 지속하다 보면 더 많은 것을 알고 싶고, 전문가가 되고 싶어진다. 시간 가는 줄 모르고 하다 보면 뜻밖에 좋은 결과물이 나올 때도 있다. 돈을 쓰기만 하는 게 아니라 돈벌이의 수단이 되는 순간이 온다. 내 꿈이 경제활동으로 연결되는 것이 가장 바람직한 결과 아닐까?

드림리스트 예시

분류	구체적 행동 (예)
사고 싶은 것	2021년에는 내 책상을 사고 싶다 2025년에는 아파트를 분양 받고 싶다 2027년에는 SUV를 사고 싶다
배우고 싶은 것	사진 편집 배우기 책 쓰기 강좌 듣기 PT 받으며 운동 제대로 하기
가고 싶은 곳	제주도 한 달 살기 신혼여행지 다시 가보기 아이들과 방학 중 뉴욕 여행하기
하고 싶은 것	1년에 10kg씩 감량, 2021년 12월에는 55 사이즈 일주일에 2회 등산하기(월·목요일) 2021년 하반기, 유튜버 도전
가족에게	하루에 한 번씩 '사랑한다'라고 말하기 매주 수요일 오전에는 양가 어른에게 전화하기

많은 엄마들이 과거에 부모님이나 선생님의 권유로 학교나 전공을 정하고 직업을 선택했을 것이다. 그리고 별생각 없이 돈을 벌기 위

해 그 직업을 한시적으로나마 유지했다. 그리고 얼마간의 세월이 흐른 후, 다시 엄마들이 선택할 수 있는 두 번째, 세 번째 직업은 무엇일까? 그게 무엇이 됐든 내가 진짜 좋아하는 일, 아무리 해도 질리지 않는 일, 그리고 하면 할수록 실력이 느는 일이면 좋겠다.

내 이름으로 자그마한 사무실을 내고 싶은가? 당당하게 전문가가 되어 다른 사람에게 지식과 도움을 주고 싶은가? 경제적으로 독립해 떳떳하게 가족들 앞에 서고 싶은가? 잘 준비한다면 모두 이룰 수 있다. 자신 있게 이야기할 수 있는 이유는 우리가 사는 시대가 충분히 이 모든 것을 가능하게 해주는 환경이기 때문이다. 인터넷과 모바일 환경은 간단한 조작만으로도 콘텐츠를 생성하고 개인이 미디어의 주인이 되는 세상을 만들었다. 마음만 먹으면 공부하는 시대, 마음만 먹으면 나를 홍보할 수 있는 시대, 마음만 먹으면 돈을 벌 수 있는 세상에서 살고 있다.

꿈을 이룰 수 있도록 도와줄 수 있는 모든 것을 활용하자.

공부를 통해 지식과 이론을 체험하자. 인맥도 중요하다. 모든 사업은 나를 도와주는 사람들, 내가 도움을 주는 사람들로 연결된다. 주변에 인사를 소홀히 하지 말고 소중한 사람이라면 곁에 두고 관리하자.

창업을 하려면 자본금도 있어야 한다. 한 달에 10만 원, 15만 원씩이라도 꾸준히 저금해 종잣돈을 만들자. 내 선에서 모을 수 있는 돈이 턱없이 부족하다고 할지라도 이런 노력이 신뢰를 쌓아 누군가의 투자를 이끌어낼 수도 있다.

꿈을 이룬 후의 모습을 상상하면 힘이 난다.

앞으로 남은 인생은 길다. 나의 가능성을 소중히 여기고 조금씩 실력을 쌓아보자. 누구 엄마, 누구 아내가 아닌 나 자신으로서 눈부시게 빛날 기회가 찾아올 것이다.

엄마도 혼자 있는 시간이 필요해

'육퇴'라는 단어를 처음 들었을 때, 무슨 말인가 고개를 갸웃거렸다. 곧 '육아 퇴근'의 줄임말이라는 것을 알게 되고 아하, 하고 무릎을 탁 쳤다. 얼마나 설레고 아름다운 개념인가. 직장인들은 회사를 빠져 나와 오롯이 나 자신으로 돌아가는 퇴근의 순간을 하루 중 가장 달콤한 시간으로 손꼽는다. 그러나 일터와 쉼터가 구분이 되지 않는 엄마들은 잠시 노동에서 벗어나 오롯이 나 자신으로 존재할 짧은 시간 자체도 마련하기 어렵다.

스페인어 중에 '케렌시아(querencia)'라는 말이 있다. 투우 경기 중에 위협을 느낀 소가 잠시 몸을 피하는 작은 공간을 말한다. 그곳에서 소는 흥분을 가라앉히고 마지막 일격을 위해 숨을 고른다. 아무리 경기가 숨가쁘게 진행된다고 하더라도 소가 케렌시아로 들어가 있는 순간만큼은 투우사도 공격을 멈추고 기다려야 한다. 소에 대한 예의이기도 하고, 안전을 위한 철칙이기도 하다. 이 절대적인 짧은 쉼마저 방해한다면 투우사의 목숨 또한 위험해지기 때문이다.

현재를 살고 있는 우리 모두 숨 고르기 할 작은 케렌시아가 절대적으로 필요하다는 것에 동의하지 않는가. 아이를 키우는 엄마들의 삶도 전투가 벌어지는 순간의 연속이다. 하루에 한두 시간 만이라도 홀로 머무는 시간과 공간, 그리고 맘 편히 그래도 좋다는 사회적 동의가 있어야 건강하게 다음 전투를 준비할 수 있다.

육퇴를 잘 활용하면 지금 지쳐 있는 엄마들에게 일상을 살리는 시간, 에너지를 만드는 시간, 그 에너지를 다시 가족에게 돌리는 시간이 될 수 있다는 생각이 들었다. 전업주부뿐 아니라 워킹맘도 이 시간을 꼭 가지라고 당부하고 싶다.

물론 아이가 너무 어리면 현실적으로 육퇴를 갖는 것은 어렵다. 아이를 일찍 재우면 물리적으로 시간을 만들어낼 수 있지만 만약 그렇지 않다면 어린아이가 엄마와 떨어져 있는 상황을 이해해줄 리 만무하기 때문이다.

진정한 육퇴는 가족의 동의와 배려가 꼭 필요하다. 아이가 초등 3학년 정도가 되면 엄마의 홀로 있는 시간을 이해하고 응원해줄 것이다. 누군가에게 고독을 허락하는 것이 깊은 배려의 한 종류임을, 그리고 내가 엄마를 사랑하는 방법의 하나임을 아이도 알게 된다. 또 그 깊은 뜻까지 이해하지 못하면 어떤가. 열 살이면 엄마와 떨어져 있는 것에 자유와 해방감을 느낀다. 아이가 좋아한다면 그걸로 족하다.

엄마의 퇴근 시간은 매일 밤 10시. 늘 같은 시간으로 정하면 좋다. 밤 10시부터 11시 30분, 혹은 12시까지는 엄마가 온전히 혼자 있는 시간이다. 그 시간이 달콤하다고 해서 자는 시간까지 줄여가며 새벽까지 연장하는 건 옳지 않다. 엄마가 건강해야 가족들도 엄마의 육퇴를 지지할 수 있지 않겠는가.

사실 막상 남편과 아이의 동의를 얻었다고 해도 함께 사는 집에서 혼자 떨어져 있는 건 말처럼 쉽지 않다. 아무리 '방해하지 마시오'라는 안내문을 붙이고 방문을 닫아놔도 밖에서 들리는 소리에 귀가 쫑긋해지게 마련이다. "아빠, 나 배고파!" 징징대는 아이 소리에 엉덩이가 들썩거리고 "그럼 우리 오늘도 치킨 시킬까?"라는 남편 소리에 눈이 획 돌아갈 것이다. 그러나 참자. 모르는 척해야 한다. 몇 번 무시하고 견디다 보면 자연스럽게 익숙해지는 날이 온다.

막상 자유시간이 주어지면 무엇부터 어떻게 해야 할지 막막한 경우가 많다. 일단 적어도 3분 동안은 하루를 돌아보는 시간을 가지면 좋다. 명상을 하듯 아침에 일어나서 지금 이 시간까지 한 일, 먹은 것, 만난 사람, 했던 말, 있던 상황들을 쭉 되짚어본다. 혹여 아이에게, 시부모에게 짧은 생각으로 실수한 것은 없었을까? 내 잘못을 성찰해도 좋지만 오늘 내가 참 잘했다 싶은 일이 있다면 스스로를 칭찬하는 시간을 갖는 것도 좋다.

일기를 쓰는 것도 추천한다. 단 몇 줄이라도 그날 느낀 것과 생각을 기록한다면 이전과는 다른 하루를 보내게 될 것이다.

그리고 그 이후엔 하고 싶은 것을 요일별로 정해서 실행하면 된다. 월요일엔 그림을 그리고, 화요일엔 책을 읽고, 수요일은 꼭 보고 싶던 드라마를 보면 어떨까?

이때 주의할 점은 드라마는 정해진 시간 안에 한 편 정도 가볍게 본다. 두 편 이상 '정주행'은 금물이다. 꼭 기억하자. 밤을 새서 다음날 퀭한 모습을 보인다면 다시는 가족들이 엄마의 육퇴를 지지하지 않을 것이다.

엄마와 가족의 건강, 발전을 위해 홀로 있는 소중한 시간을 알차게 활용하면 좋겠다.

엄마가 공부하는 이유

엄마들이 '육퇴=맥주'라고 생각하는 경우가 많다.

혼자 마시는 엄마들도 있지만 아예 밖으로 나가서 친구들을 모아 마시는 엄마들도 있다. 서로 수다를 떨며 쌓인 스트레스를 날려 보내는 시간, 물론 가끔 한 번은 좋다. 문제는 너무 자주 지속되는 경우다. 계속 재밌고 즐거우면 다행이지만 노는 것도 하루 이틀이고 좋은 친구도 매일 보면 힘들다. 술 마시고 수다 떨고, 남의 흉보고, 사람들 사이의 감정을 헤아리고 갈등을 푸는 데에 에너지가 좀 많이 드는가. 진정한 휴식을 위해 어렵게 육퇴를 선언했는데 밤 10시 이후에 또 다른 노동을 하는 셈이다.

　밤 10시 이후 시작되는 나의 달콤한 시간, 육퇴 이후에 무엇을 하면 좋을까? 나는 혼자 있는 시간을 뜻깊게 보내려면 반드시 공부를 하라고 말한다.

　요즘은 정보가 많아 마음만 있다면 평소에 궁금했던 내용을 인터넷으로 쉽게 찾아 공부할 수 있다. 유튜브를 이용해서 궁금한 분야의 강의를 들을 수도 있고, 비싸지 않은 수업료로 제대로 된 커리큘럼이 갖춰진 온라인 수업을 들을 수도 있다.

　특히 아이가 한창 공부에 집중할 나이라면, 엄마도 입시에 대해 공부해야 한다. 육퇴 후 시간을 이용해 자녀 교육과 관련된 정보를 공부하면 바로 써먹는 재미가 쏠쏠할 것이다. 다음날 아이에게 어제 들은 얘기를 전해줄 수 있고, 동네 친구들과 함께하는 티타임에서 유익한 정보를 알려줄 수도 있다. 사람들 앞에서 공부한 것을 자신 있게 꺼내 알려주는 나 자신을 발견할 때의 기쁨이란! 정보의 양이 곧 권력인 학부모 사이에서 내 말에 힘이 실리는 경험을 해볼 수 있을 것이다.

　무엇보다 자녀 교육에 대해 잘 알고 입시의 큰 그림을 이해하는 엄마는 사교육비를 아낀다. 패션을 잘 모르는 사람은 일이 있을 때마다 새 옷을 사지만 스스로 코디할 줄 아는 사람은 이미 있는 옷만으로도 센스를 발휘하는 것과 같은 이치다. 부족한 게 있어도 자기에게 어떤 옷이 있는지 알고 무엇이 어울리는지 파악했기 때문에, 필요한 아이템만 저렴하게 구입한다. 패션을 모르는 사람들은 스스로 코디를 할 줄 모르니 가게에 진열된 풀 세트를 무리해서 산다. 모르면 모르는 만큼 돈도 시간도 낭비되는 것이다. 교육도 마찬가지. 입시의 전체적인 로드맵을 이해하는 엄마는 그때그때 꼭 필요한 것만 사교육의 도움을 받지만, 잘 모르는 엄마는 정확하지 않은 정보에 휘둘려 돈과 시간을 잃는다. 즉, 공부하는 엄마가 아이를 덜 고생시키고 가족을 행복하게 만든다는 얘기다.

물론 엄마가 공부해야 할 게 자녀 교육에 대한 것만은 아니다. 나를 위한 공부도 필요하다. 내 미래와 나의 꿈을 위한 공부 말이다.

지금은 생활의 중심이 자녀 교육이지만, 아이의 성장에 따라 조금씩 내 시간이 많아질 것이다. 중 3까지는 아이 교육에 대한 엄마의 관여도가 어느 정도 지속되지만, 고등학교만 들어가도 엄마의 개입이 확실히 줄어든다. 대학에 가는 순간 엄마의 할 일은 급격하게 없어진다. 살아야 할 인생은 아직 많이 남았다. 돈도 더 필요하고 에너지도 남아 있다. 게다가 의료 기술의 발달로 평균 수명은 계속 늘어나고 있지 않은가. 세상은 빠른 속도로 변화하고 있다. 내가 과거에 학교에서 배운 것을 써먹기엔 너무 낡은 정보가 돼버렸다. 앞으로 평생 직장이란 개념은 사라지고, 개인이 여러 직업을 운영하며 경험과 지식을 이용해 돈을 버는 시대가 올 것이다. 실제로 국가의 경제 수준이 발달할수록 평생 교육이란 개념이 중요하게 여겨진다고 한다.

내가 관심 있는 부분, 궁금했던 분야를 찾아서 매일 밤 하나하나 공부를 시작해 보자. 새로운 분야에 대해 공부를 해본 사람은 배움에 따라 발전에 가속도가 붙는 것을 체험했을 것이다. 처음엔 단순히 궁금증을 해결하기 위해 공부를 시작한다. 그러나 똑같은 온라인 강의라도 시간만 흘려보내는 사람이 있는가 하면 핵심을 쏙쏙 따 먹는 사람도 있다. 차이점은 목표다. 계획이 확실히 있는 사람과 없는 사람은 공부의 태도부터 다르기 때문이다.

온라인 수업에 그치지 않고 더 깊이 공부하고 싶은 순간도 온다. 그때 전문가를 찾아가도 좋다. 꼭 비싸고 어려운 수업이 아니더라도 지역구 단위로 여성 센터, 도서관, 관공서 등에서 수준 높고 유익한 강의가 많이 있다. 수업료도 저렴하고 무료인 곳도 많다. 선택해 들어보고 잘 맞으면 심화 과정까지 지속적으로 들어보자.

오프라인으로 배운다면 혼자 수강하는 것을 추천한다. 남과 떨어져 홀로 존재할 때 내면에 쌓이는 좋은 에너지를 얻기 위해서다. 정 혼자가 어렵다면 부담스럽지 않은 친구 한 명 정도와 함께 다녀도 충분하다. 여러 명이 우르르 몰려다니면 집중도 떨어질 뿐 아니라, 수업이 끝나면 또 우르르 다른 곳까지 가는 경우도 생기기 때문이다.

혼자 있을 때의 나를 만나고, 자유를 느끼고, 공부를 한다는 것. 이 작은 실천은 자존감의 회복에서 그치지 않고 더 큰 열매를 안겨준다. 공부를 계속하다 보면 내가 정말 좋아하는 것이 뭔지 알게 되고, 전문성도 생긴다. 그리고 비로소 내 꿈에 가까워지게 된다. 공부를 하는 이유는 무엇일까? 궁극적으로는 꿈을 이루기 위해서이다.

워킹맘, 버텨라

누구나 다 좋은 엄마가 되고 싶어 한다. 아이가 아프거나 성적이 부진하거나 무슨 일이 생기면 가장 먼저 엄마는 자기 자신을 돌아보게 마련이다. '내가 혹시 잘못 키웠나? 내 부주의 때문에 아이가 잘못되는 건 아닐까?'

온전히 엄마 탓이 아니란 걸 알면서도 어쩔 수 없는 것이 엄마 마음이다. 온종일 아이 옆에서 시간을 보내는 전업맘도 크고 작은 일에 가슴이 철렁철렁 내려앉는데 일하느라 아이 곁에 있어 주지 못하는 워킹맘은 오죽할까?

여성들의 교육 수준과 경제 수준이 높아지면서 맞벌이는 이제 당연한 이야기처럼 여겨진다. 결혼을 준비하는 남성들도 능력 있는 아내가 가정 경제를 함께 꾸려가길 원한다. 그러나 한편으로는 제시간에 퇴근하고 집안일과 육아까지 성실하게 하길 기대한다.

육아와 일을 병행하는 많은 여성이 에너지와 감정의 한계 지점에 도달하는 경험을 해보았을 것이다. 하루하루 견디기 힘들 정도로 많은 노동량에, 여기저기 미안한 일투성이다.

'내가 정말 엄마로서 자격이 있는 걸까?'

'내가 이렇게까지 하면서 일이나 제대로 하고 있나?'

'벌면 얼마나 번다고 여러 사람 피해 주면서 악착같이 살아야 하나?'

아이가 돌 지나고 열 살까지 워킹맘들의 갈등은 최고조에 이른다.

아이가 기관에 들어가기 전까진 돌보는 사람의 손길이 절대적으로 필요하다. 대부분 양가 부모님 찬스를 쓰거나 도우미 이모님을 쓰기도 한다. 이때 엄마들이 버는 돈의 80~90퍼센트는 도우미 이모님께 들어가는 경우가 많다. 돈을 벌어도 모으지 못하는데 일을 하는 게 무슨 의미가 있는지 고민이 생긴다. 게다가 신뢰할 수 있는 이모님을 구하면 다행이지만 여기저기에서 들리는 아동학대 소식에 하루하루 불안한 게 워킹맘의 마음이다. 이때 아이가 아프기라도 하면 당장이라도 일을 그만둬야 할 것 같다. 육아 휴직을 쓴 후에 직장으로 복귀하지 않는 경우가 부지기수다.

아이가 유치원에 들어가면 조금 편해지는가 싶다. 하지만 초등학교 입학과 동시에 위기는 또 찾아온다. 공부가 부족하면 엄마는 평소에 돌봐주지 못한 자신부터 탓하기 일쑤다. 대다수 여성이 이 즈음에 일을 포기한다.

마지막 위기는 사춘기 때 찾아온다. 아이가 싸우거나 말썽을 부리면 또다시 화살이 엄마에게로 꽂힌다. 내가 무슨 부귀영화를 보자고 아이를 망치는 건가, 하는 마음에 다시 일을 그만둘까 말까로 고민이 이어지는 것이다.

상황만으로도 힘든데 주변 사람들의 가시 돋친 말도 모두 상처로

264

다가온다.

"네가 벌면 얼마나 번다고……." 시어머니의 끌끌 혀 차는 소리에 가슴이 무너지고, "당신, 그렇게 출세하고 싶어?"라는 남편 말에 눈물이 왈칵 쏟아진다.

제법 머리가 큰 아이는 엄마에게 서운한 일이 있을 때마다 아픈 곳을 건드린다.

"엄마가 나한테 해준 게 뭐 있어?"

단단히 버티고 있던 이성의 끈이 끊어지는, 좌절이 찾아온다.

전업맘의 하루도 만만찮지만 워킹맘으로 산다는 것은 매일이 전투와도 같다. 하지만 일을 그만둘까 말까로 고민하는 워킹맘들에게 나는 웬만하면 버티라고 이야기한다.

국가 전체로 따져볼 때도 여성의 경력 단절은 안타까운 현실이다. 한 사람이 조직 안에서 제 역할을 다할 수 있을 때까지, 인재를 만들기 위해 많은 돈과 노력이 들었다. 무수한 고난과 비난을 다 견뎌 왔는데 힘든 시기를 버티지 못해 모든 걸 포기한다면 아깝지 않은가.

아이를 양육하는 데 걸리는 시간은 길게 잡아야 10년이다. 고학년이 되면 아이도 엄마 품을 떠나고 중학생, 고등학생이 되면 학원 다니느라 퇴근하는 엄마보다 아이의 귀가 시간이 더 늦다. 일하는 존재로서 지속할지 그만둘지의 고민은 아마 평생을 가겠지만 육아와 관련된 직접적인 갈등은 열 살 이전에 끝난다는 얘기다. 그 갈등을 버티지 못하고 그만두면 그 이후 상황이 나아졌을 때 다시 내가 속한 사회로 돌아가는 게 어려워진다.

워킹맘에게도 환상은 있다. 만약 내가 일을 그만두고 아이에게만 집중한다면 대단히 훌륭하게 키워낼 수 있을 것만 같다. 하지만 절대 그렇지 않다. 엄마가 붙어 있다고 해서 아이가 더 좋아하는 것도 아니고, 못했던 공부를 갑자기 잘하게 되는 것도 아니다.

당장 눈앞의 상황이 힘들고 어려울수록 인생의 큰 그림을 다시 살펴봐야 한다. 사랑받는 아내, 좋은 엄마로서의 내 모습도 있지만, 전문가로서 사회 안에서 역할을 해내는 직업인으로서 내 모습도 소중하다. 그리고 그 그림을 유지할 수 있도록 도와주는 항목도 살펴보자.

버티자. 버는 돈보다 나가는 돈이 많아도 경력은 쌓인다.

아프고 힘들어도 이 또한 지나간다. 그리고 여러분을 위한 기회가 기다리고 있다.

아이에게 필요한 건 엄마의 죄책감이 아닌 자부심

퇴근하고 들어온 엄마, 가장 먼저 무엇을 해야 할까?

"○○야, 엄마 왔다!"

아이의 이름을 부르면서 양 팔을 활짝 펴자. 이는 가슴을 풀어헤치고 젖을 먹이는 것과 같은 행동이다. 반복적이고 규칙적인 스킨십은 정서적인 안정과 보살핌이 된다. 웃는 얼굴로 아이와 얼굴을 비비고 종알종알 그날 있었던 일을 하나하나 즐겁게 들어주는 것, 워킹맘이 반드시 해야 하는 일이다.

퇴근하는 엄마가 언제나 피곤한 표정에 우울한 얼굴이면 어떨까? 아이는 아무리 어려도 안다. 엄마가 힘들어하는 것이 보이면 엄마가 일하는 것 자체를 부정적으로 생각하게 마련이다.

워킹맘이 행복하게 일과 육아를 함께하려면, 아이에게도 엄마의 일이 기쁨이자 자부심이 돼야 한다. 엄마는 정해진 시간이 되면 들어오는 사람이라는 것, 엄마가 집으로 돌아오면 행복의 느낌이 시작된다는 사실을 반복적으로 학습시키자.

즉, '엄마=기쁨'이 되는 것이다.

관계 학습이란 일정한 패턴을 통해 자동적으로 감정을 생성시키는 것이다. 퇴적물이 쌓이고 쌓여 지층이 되듯, 사람의 마음과 인식도 쌓여가는 경험을 통해 화석처럼 단단해진다. 어렸을 때부터 많이 안아주고, 만지고, 자연스러운 스킨십으로 애정을 표현하다 보면 커서도 이런 표현이 어색하거나 징그럽지 않다. 지금부터라도 사랑하는 만큼 많이 표현하면 좋겠다. 가족의 사랑 표현은 우리의 삶을 풍요롭게 만들고 가장 힘든 순간을 이겨낼 수 있는 버팀목이 된다.

아이에게 엄마의 일이 얼마나 소중한지 알려주는 것도 도움이 된다. 엄마가 일을 통해 행복하면 그 긍정적인 감정이 아이에게 전달되도록 하자.

"엄마가 일하느라, 공부 못 봐줘서 미안해……. 엄마가 바빠서 못 챙겨줘서 미안해."

미안하단 말을 계속한다면 아이는 엄마가 무언가를 잘못했다고 생각하고 부끄러워할 것이다. 미안하다는 말 대신 자부심을 심어주는 말을 하자.

"넌 좋겠다. 엄마처럼 멋진 엄마를 둬서."

엄마는 노력하는 사람, 약속을 지키는 사람, 바빠도 정성을 다하는 사람이다. 엄마에 대한 아이의 자부심은 아무 관련 없는 곳에서도 불쑥불쑥 생겨난다. 아이가 어리면 당연히 엄마의 손길을 찾지만 조금만 크면 스스로도 자신의 독립을 자랑스럽게 생각한다. 엄마는 프로다. 그리고 아이는 이런 엄마에 대한 자부심으로 자신의 내면을 더 단단하고 멋지게 만들어낸다.

시간 관리, 에너지 관리가 생명이다

아이와 함께하는 시간이 늘 충분하지 않은 워킹맘. 부족할수록 관리는 필수적이다. 시간도 관리하고 에너지도 관리해야 한다. 육아나 교육과 관련된 정보나 인맥도 관리하자. 양보다는 질이다. 무조건 많은 양의 시간과 에너지를 들인다고 열매 또한 많아지는 것이 아니다. 짧은 시간이라도 충실하게 사용하는 것이 중요하다.

앞서 엄마들의 육퇴 이후 시간을 강조한 바 있다. 워킹맘은 가족에게 시간을 충분히 쓰지 못했다는 죄책감에 오롯이 나만의 시간을 갖는 것 또한 미안하게 느낄지도 모른다. 그러나 많은 일이 한꺼번에 몰려 있는 상황일수록 제대로 된 쉼이 필요하다. 밖에서도 일하고 집에서도 일하지 말고, 단 30분이라도 절대적으로 쉴 수 있는 시간을 가졌으면 좋겠다.

집안일은 효율적으로 줄일 필요가 있다. 가전기기의 도움을 받을 수 있다면 그 편을 선택하고 당연히 남편과도 역할을 분담해야 한다. 부부가 공동으로 집안 살림을 나눠서 하는 모습은 자녀 교육에도 큰 도움이 된다. 무엇보다 집안일의 총량을 줄이는 것이 중요하다. 간단한 몇 가지 반찬으로도 식구들이 충분히 즐거운 식사를 할 수 있는데 밥상을 차리는 데 너무 과한 시간과 에너지를 들이지는 않았는가? 너무 까다롭게 먼지가 쌓일 때마다 스트레스받지는 않았는가? 조금 느슨해도 괜찮다. 엉망진창이 된 거실 앞에서도 대수롭지 않게 웃을 수 있는 여유를 찾아보자.

옷 입기, 씻기, 밥 먹기 등 아이가 스스로 할 수 있는 일은 혼자 할 수 있게 방법을 알려주고 독려해주면 된다. 엄마가 뒤치다꺼리하는 시간을 줄이면 사소한 것에서부터 아이의 자립심을 길러줄 수 있다.

틈새 시간을 잘 활용하는 것도 필요하다. 해야 할 일이 있으면 리스트를 적어보고, 중요도에 따라 먼저 할 것과 나중에 할 것을 정하자. 출퇴근길이나 미팅을 준비하는 시간 등 스마트폰을 보면서 버려지는 틈새 시간이 있다. 아이에 대해 짧은 기록을 하거나 교육 정보를 찾아봐도 좋다.

정보와 인맥도 관리해야 한다. 전업맘들이 은근히 워킹맘을 따돌린 다고 생각하는 경우도 있는데 사실 이 문제는 다 자기 하기 마련이다. 친분이 없는 상태에서 정보가 필요할 때만 얼굴을 들이밀면 서먹해 지는 게 당연하지 않겠는가? 막연히 미안해 하거나 불안해 하지 말고 일하는 엄마의 장점을 보여주자. 여러 번 말했지만 인간관계는 기브 앤 테이크다. 워킹맘이 얻을 수 있는 전문성이 다른 엄마들에게도 도 움이 되면 정보나 관계에서 소외 당하지 않는다.

다음 장에서는 워킹맘이 다른 학부모들과 잘 지낼 수 있는 팁을 정 리했다. 정보와 관계 때문에 고민이 많은 워킹맘이라면 잘 보고 도움 을 얻길 바란다.

워킹맘이 학부모들과
잘 지낼 수 있는 방법

1 중요한 모임에는 무조건 참석한다

학부모 총회, 반 모임 등 엄마들이 꼭 가야 하는 행사는 몇 가지로 압축된다. 모든 모임에 다 갈 수는 없지만 그때만큼은 휴가를 내서라도 꼭 참석하자. 학교 분위기도 파악하고 엄마들과 눈인사도 하면서 안면을 익히는 것은 큰 도움이 된다.

2 좋은 사람과 친구가 되자

좋은 사람이란 나와 잘 맞는 사람을 말한다. 여러 명이 모여 있어도 내 눈에 들어오는 사람은 있게 마련이다. 어디에나 말투나 옷차림에서 품위가 있고 끌리는 매력이 있는 사람이 있다. 좋은 사람과 자연스레 관계를 맺되 그룹이 형성된다면 짝수로 사귀는 것이 좋다.

3 돈으로 사람을 사려고 하지 말자

워킹맘이 수입이 있다는 것을 모두 알고 있다. 그 사실 때문에 괜히 엄마들 모임에서 '내가 살게!'를 남발하지 말자. 자칫 봉이 될 수 있다. 돈 관계는 깔끔할수록 오래간다.

4 전문성으로 어필하자

워킹맘이 교육 정보에 뒤처지는 건 어쩔 수 없는 현실이다. 그러나 직업인인 엄마가 사회에서 겪은 경험이 다른 아이들의 진로에 도움이 된다면 어떨까? 전업맘들이 도움을 받고 정보 주는 것을 아까워하지 않을 것이다.

5 교육 정보, 입시 정보는 공부하자

워킹맘도 공부해야 한다. 틈새 시간을 이용해 짬짬이 교육정책과 입시 정보에 대해 배우자. 다른 학부모들을 만날 때 '이런 정책이 나왔대요'라며 역으로 알려주면 대하는 자세가 달라질 것이다.

6 초등 저학년에는 가급적 임원 활동을 하지 말자

아이나 엄마가 욕심이 많은 경우엔 어쩔 수 없지만, 가급적이면 피하길 권한다. 초등 저학년 임원 활동은 엄마의 손이 많이 간다. 워킹맘이라는 이유로 다른 엄마에게 그 역할을 전가하면 민폐가 될 수도 있다.

7 학교 행사, 학교 봉사활동에 참여하자

학부모 총회에 참석하면 학교 행사에 대한 1년 스케줄을 안내받는다. 갑작스러운 모임은 어쩔 수 없더라도 미리 공지된 건에 대해서는 휴가를 써서라도 참여하자.

8 친한 엄마에게 지나치게 의존하지 말자

좋은 친구를 사귀었다면 여러모로 배려를 해줄 것이다. 퇴근이 늦거나 급한 일이 생겼을 때 아이를 봐줄 수도 있고, 하교를 도와줄 수도 있다. 그러나 어쩌다 한 번이다. 부탁을 했고 도움을 받았다면 작은 선물로 꼭 고마움을 표시하자.

9 잦은 술자리는 금물

엄마들도 가끔 술자리를 갖는다. 이 자리가 즐겁다고 해서 너무 자주 참석하는 것은 좋지 않다. 다음날 출근에 지장이 갈뿐더러, 노출이 많아지면 뒷말도 많이 나온다.

10 어쩌다 한 번은 크게 한턱 쏘자

워킹맘이 언제나 더치페이로 계산할 수는 없다. 매일 살 수는 없지만 어쩌다 한 번 정도는 제대로 한턱 쏘며 고마움을 표시하자. "맛있게 드세요. 그동안 도와주셔서 감사합니다" 같은 센스 있는 인사는 덤이다.

오늘도 고민 많은 워킹맘들, 힘들겠지만 버텨보자.
당신 주변에는 좋은 사람이 많이 있다. 그들은 일상의 힘듦을 이해하고 공감할 것이다. 그리고 당신이 진심으로 대한다면 그들도 당신을 기꺼이 도와줄 것이다.

행복한 가정에서
인재 난다

결혼과 동시에 한 여자를 중심으로 가족 관계가 확대된다. 사랑해서 선택한 배우자, 법적으로 맺어진 시댁 식구들, 내가 원래 속해 있던 친정 식구들, 그리고 가족이 확대되면서 맺어지는 형제, 동서와 같은 횡적 관계들. 나에게 힘이 되고 안정을 주는 가족이지만 하루가 멀다 하고 스트레스와 고통을 주는 것도 가족이다. 하지만 담담하게 서로의 약점을 받아들이고 명확하게 할 일을 하자. 사랑의 감정은 소멸했더라도 사랑의 기술은 남았다. 당신은 이미 가족 간의 갈등을 감당할 만큼 육체적, 정신적, 사회적으로 성숙해져 있으니까.

남편은 최고의 친구

세상에서 제일 가깝고 제일 먼 남자, '남편'이다. 남편과 연애 시절 사랑했던 일이 마치 아득한 전생의 일처럼 가물가물하기도 할 것이고, 든든한 등을 보며 내심 힘을 얻기도 할 것이다.

만약 독박 육아, 독박 가사에 시달리며 남편의 비위를 맞추느라 내 성격을 죽이고 사는 독자들이라면 남편 뒤통수도 미워 보일 수 있다. 내심 이혼을 꿈꾸는 사람도 있을 것이다. 물론 이혼이나 재혼도 개인이 판단할 인생의 선택이다.

그러지 않은 경우, 남편은 죽기 전까지 앞으로 남은 세월을 함께 부대끼며 살아야 할 유일한 파트너다. 지금은 육아와 자녀 교육에 에너지를 쏟고 있지만 언젠가 이 시간은 지나고, 아이들도 내 곁을 떠나간다. 늘그막에 함께 내 곁에 서 있을 남자, 또 같이 밥을 지어 먹고 지난 일을 추억할 남자. 남편은 나의 노후에 그려질 그림이다.

젊은 독자들은 노후라는 단어가 먼 미래처럼 느껴질 수도 있지만 시간은 정말 빠르게 흘러간다. 곧 신체적, 사회적으로 늙은 나를 만나게 될 것이다. 게다가 고령화 사회에서 평균 연령은 점점 높아지고 있다. 노인으로 사는 기간이 생각보다 길다는 뜻이다. 그 또한 나의 인생이니 행복해야 하지 않겠는가?

행복한 노후를 위해 지금부터 준비해야 할 것들이 있다.

첫 번째는 돈이다. 가난한 노후는 행복할 수 없다. 모든 전문가가 노후를 위해 돈을 준비하라고 한다. 이런저런 말이 많지만 국민연금은 가장 이율이 높은 투자다. 국민연금 외에도 개인연금이나 퇴직연금 등 지금 젊을 때 할 수 있는 준비를 해놓자.

두 번째는 취미다. 할 일이 없어지고 심심할 때 만끽할 수 있는 재미가 있다는 것은 대단한 재산이다. 내가 즐거울 수 있는 분야를 찾아서 배워보자. 동주민센터나 종합사회복지관 등 지역사회에서 운영하는 좋은 프로그램이 많다. 인생을 풍요롭게 만들어줄 즐거운 기술을 찾아보면 좋다.

마지막은 관계다. 즉, 배우자와 행복한 관계를 말한다. 물질적으로 풍요롭다 하더라도 함께 사는 사람과 관계가 팍팍하고 빈곤하다면 그 길고 긴 노년의 삶이 얼마나 지루하겠는가. 나의 마지막 삶이 아름답기 위해서는 함께 생을 마감할 배우자와의 관계가 아름다워야 한다.

돈으로 재테크를 하듯, 마음도 통장에 적립해두자. 전문가들은 '정(情)테크'라는 표현을 쓴다. 연애할 때 행복한 추억이 많은 부부는 힘든 시기를 만났을 때 그 예쁜 추억과 좋았던 마음을 기억하며 역경을 이겨낸다. 지금도 마찬가지. 아이를 키우고 사소한 문제를 해결해 나가는 일상 안에서 남편과의 좋은 감정과 추억을 쌓아가면 좋다. 훗날 심심하고 돈이 없어 마음까지 가난할 때, 그때 꺼내 쓸 수 있게 말이다.

우리 모두는 안다. 허니문은 끝났다. 얼굴만 쳐다봐도 가슴이 두근거리던 뜨거운 사랑은 기대하지 않는 편이 맞다. 그러나 결혼 생활은 절대 사랑으로만 이뤄지지 않는다. 바로 기술로 이뤄진다. 호르몬으로 만들어지는 예측불허의 감정이 아닌, 시간과 지혜로 성숙해진 일상의 기술을 활용하자.

남편이 얄밉고 괘씸해 얼굴조차 마주치기 싫을 때도 있지만 방문을 닫고 들어가 버리면 그 관계는 쉽게 회복되지 않는다. 오히려 눈이 마주치는 짧은 순간 웃어주면 어떨까? 누가 잘하고 잘못했는지 따지기보다 이 시간을 건강하게 움직여줄 감정의 에너지가 필요하다면, 기술적으로 호감을 표현해보자. 인간의 뇌는 단순해서 좋다, 좋다, 생각하면 정말 좋아진다.

　부부 생활은 단막극이 아니다. 대하드라마보다 더 길고 지루하게 이어지는 연속극이다. 지금의 갈등은 곧 다른 형태의 감정으로 바뀌고, 미움도 사랑도 이 또한 지나간다. 지금의 남편과 죽을 때까지 오순도순 연금을 나누며 사는 것, 어찌 보면 가장 가성비 높은 인생 투자가 아닐까?

상대가 원하는 것은 무엇일까?

　관찰 예능이 대세다. 연예인 부부의 꽁냥거리는 애정 행각뿐 아니라 살벌한 부부싸움까지 시청자들에게 드러내는 TV 프로그램이 많아졌다. 물론 설정과 연출이 당연히 들어갔겠지만 실제와 가까운 상황 앞에서 과연 나라면 어떻게 했을까 고민하게 된다.

　한 예능 프로그램에서 32년 차 개그맨 부부의 부부싸움이 리얼하게 다뤄졌다. 배고픈 남편을 위해 밖에서 일하고 들어온 아내가 제대로 쉬지도 못한 채 한 시간 반가량에 걸쳐 식사 준비를 한다. 고기에 국에, 젓갈에 온갖 반찬까지 꺼내 진수성찬을 차렸지만 남편은 간단하게 빨리 먹을 수 있는데 뭘 이렇게 과하게 준비했냐며 타박하기 시작한다. 아내는 자신의 노력을 알아봐주지 못하는 남편에게 서운한 마음에 짜증을 냈고, 결국 감정이 폭발해 다른 부부와 비교까지 해 가며 눈물을 터뜨렸다.

　남녀 사이의 가사 분담, 소통하는 법 등 다양한 문제가 복합적으로 드러난 장면이지만 그중에서도 사람 관계에서 상대가 원하는 것을 분명히 파악하는 게 얼마나 어렵고 중요한 문제인지 다시금 생각해 보게 된다.

사랑하면 상대가 원하는 대로 해주고 싶어진다. 그리고 내 노력에 대해 인정받고 보상받으며 사랑을 확인하고 싶다. 그러면서 서로에 대한 기대치가 높아지는 것이다.

연애 때는 그 기대치를 충족시켜주며 사랑을 확인했다. 하지만 연애와 결혼은 다르다. 상대에게 잘 보이고 싶어 부지런을 떨며 실제의 나보다 더 근사하게 포장했던 것들이 벗겨지는 것이 결혼이다. 피차 있는 그대로의 내가 드러난다.

결혼 초기에 많은 여성이 착한 아내, 착한 며느리 역할을 완벽하게 수행하려고 노력한다. 맞벌이인데도 일찍 일어나 준비를 하고 아침상을 차리며, 생활비도 버거운데 시댁에 용돈을 많이 드리려고 노력한다. 아마 진심 어린 착한 마음에서 나온 행동일 것이다.

하지만 물리적인 에너지는 고갈되게 마련이고, 점차 그 역할에 지쳐가는 것은 본인 자신이다. 식탁 가득 차렸던 반찬 수가 점점 줄고, 용돈 봉투도 시간이 갈수록 얇아진다. 시간이 지나면서 변했다는 소리에 상처까지 받는다. 상대를 사랑해서 내가 해주고 싶은 것을 다 해주느라 몸과 마음이 상했는데, 나중에 이런 말까지 듣는다. '당신이 해준 게 뭐가 있어?' 많은 여성이 아내로서, 며느리로서, 엄마로서 절망에 부딪히는 순간들이다. 정말로 사랑하고 싶고 사랑받고 싶다면 상대가 원하는 것이 무엇인지 먼저 알아채는 것이 더 지혜로운 방법 아닐까?

앞서 얘기했던 개그맨 부부의 경우, 남편은 성격이 급하고 배가 많이 고팠다. 적은 반찬이라도 지금 당장 허기를 채우길 원했다. 아내가 원하는 것은 달랐다. 제대로 차리는 것을 좋아하고 감사의 표현을 원했다.

남편이 준비하는 아내에게 다가와서 이렇게 말했으면 어땠을까?

"여보, 내가 종일 배가 고팠어. 그냥 고기랑 김치만 차리고 다른 건 다음에 먹자."

아내도 마찬가지로 자기가 원하는 걸 얘기하면 어땠을까?

"여보, 식탁에 밥이랑 국만 좀 떠줘. 그럼 훨씬 빨리 준비될 거야. 이거 한입 먹어봐. 맛있지? 당신 맛있게 해주려고 구한 거거든."

내가 원하는 것을 표현하는 것. 남이 원하는 것을 제대로 알고 해주는 것. 그 간단한 지혜가 그렇게 어렵다.

성숙한 부부라면 대화를 통해 서로의 욕구를 파악하겠지만 그 과정이 어렵다면 어떻게 해야 할까? 관찰해야 한다. 관계의 핵심은 상대를 아는 것이고, 그것은 관찰에서 나온다.

남편이 무엇을 좋아하는지 나는 분명히 알고 있는가? 좋아하는 것을 대하는 그의 표정과 태도는 어떤가? 활짝 웃거나, 칭찬을 하거나, 예민했던 태도가 너그러워질 수도 있다. 어떤 상황에서 그는 표현하는가? 맛있는 밥인가? 깨끗하게 정리된 집인가? 편안한 휴식인가? 부부 관계인가? 아니면 그의 말을 경청해주는 내 모습인가? 내가 해줄 수 있는 부분이라면 해주자. 그리고 그가 나를 위해 해줄 수 있는 것이 있다면 이 또한 알려주고 요구하자.

부부는 일심동체가 아니다. 그 누구도 같은 마음일 수는 없다. 하지만 서로의 마음을 알 수는 있다. 상대의 것을 알아채고, 나의 것을 알게 하자. 일치할 수는 없지만 공통된 부분이 많을수록 내 몸과 내 마음이 편해진다.

지혜롭게 부부싸움 하는 법

평소에는 침착하고 다정하다가도 별거 아닌 사소한 일로 불쑥불쑥 화내는 남편과 살 때, 과연 화를 어떻게 다스릴 수 있을지, 어떻게 하면 소모적인 부부싸움을 피할 수 있을지 고민하게 된다. 나의 경우도 그렇다. 결혼한 지 30여 년이 지났지만 남편이나 나나 감정이 격해지는 순간은 종종 찾아온다. 그리고 그 이유는 말하기도 애매한 아주 사소한 일들 때문이다. 하지만 이제 서로 상대에 대해 잘 알고 내공이 쌓이다 보니, 어지간한 화는 유연히 넘어가게 된다.

얼마 전에도 비슷한 일이 있었다. 남편은 새로 산 가구를 열심히 조립했고, 기분 좋게 제 위치에 배치했다. 전에 썼던 헌 가구를 어디에 수납할지에 대해 남편과 작은 의견 대립이 있었는데, 기분 나쁠 것 하나 없는 상황에서 별안간 남편이 버럭 화를 내는 게 아닌가?

"여보, 화내지 마. 자기 힘들어서 그래. 얼른 샤워하고 와요. 그 의자는 내가 알아서 치울게."

내 한마디에 남편은 살짝 머쓱해 하더니 금세 화가 가라앉았다. 자칫 부부싸움으로 번질 수 있는 상황이었지만 이렇게 넘어갔다. 물론 우리 부부가 처음부터 이랬던 것은 아니다. 아마 신혼 때였으면 왜 화를 내느냐, 성격이 나쁘다, 과거에도 이런 일이 있었다 등 옛날 일까지 들먹이며 크게 싸웠을 것이다. 상대의 감정을 이해하고 몇 마디 말로 화를 멈추기까지 참 오랜 세월이 필요했다. 화를 다스리는 법, 부부싸움을 하더라도 지혜롭게 하는 법. 우리 부부의 30년 노하우를 전수하고자 한다.

첫째, 내가 화가 난 이유를 정확히 알아야 한다.

화를 불러일으키는 요인은 많다. 그러나 어떤 상황에서 누군가 화가 난 이유는 간단한 한두 가지 원인으로 압축된다. 우리 남편의 경우는 신체적으로 힘이 들어서였다. 표현은 안 했지만 가구를 조립하는 데 꽤 많은 에너지가 들었을 것이다. 힘든 것을 계속 지속하다 보면 누구든 화가 나게 마련이다. 내가 원인을 짚어주자 남편의 화는 금세 사그라졌다.

둘째, 원인이 타인에게 있다면 어떻게 전달할지 고민하자.

상대가 알아야 한다. 내가 화가 났다는 사실도 알아야 하고, 무슨 이유에서 화가 났는지도 알아야 한다. 당신의 어떤 행동, 어떤 말이 나를 화나게 했는지 잘 전달해보자. 이때 감정과 사실을 분리해야 한다. 감정이 쌓이면 상대방이 곧이듣지 않는다. 소리 지르거나 울지 말자. 너무 화가 나면 표현하기도 어렵고, 억울한 마음에 흥분하게 마련이다. 감정을 있는 그대로 표현하는 것도 나름대로 이점이 있지만, 상대에게 메시지를 전달하는 것이 목적이라면 옳은 방법이 아니다. 상대의 눈을 보고 낮은 톤으로 천천히 말해보자. 아마 집중하고 이해해줄 것이다.

타인의 반복되는 행동에 화가 났다면, 적당한 시기에 화를 내자.
이때 중요한 것은 화를 낸 후에 사과하지 않는 것이다. 만약 화가 난 이유가 명확하고, 화를 통해 상대의 행동을 교정하는 것이 목적이라면 당신이 미안해 할 이유는 없다. 그러나 화를 낸 후, 상대가 감정적으로 움츠러들고 사과하는 반응을 보이면 자기도 모르게 민망한 마음에 "화를 내서 미안하다"라고 말해 버리는 경우가 많다. 그렇게 되면 앞에서 한 행동의 정당성이 사라져 버린다. 아이의 행동을 교정할 때도 마찬가지. 정당한 이유로 야단을 쳐놓고도 "엄마가 미안해, 엄마가 잘못했어" 하고 사과해 버리면 애써 훈육한 것이 물거품이 된다.
아무리 화를 내도 상대가 변하지 않는 경우도 있다. 그럴 땐 포기하자. 여기서 포기는 '에라, 나도 모르겠다. 될 대로 돼라'식의 포기가 아니다. 그 사람의 존재를 포기하는 것이 아니라 그 행동을 교정하려던 나의 의지를 포기하는 것이다. 내가 힘들다고 해서 자식이나 남편을 포기할 수 있겠는가? 상대의 단점을 나쁘게 생각한 나의 생각을 포기하고, 고쳐보겠다는 노력을 포기하라는 뜻이다. 근원적인 이유로 바꿀 수 없는 부분일 수도 있다. 차라리 다른 장점을 찾아보는 것이 낫다. 장점으로 단점을 덮어 버리는 것도 지혜로운 방법이다.

화는 누구나 가질 수 있는 자연스러운 감정이다. 화가 난다고 성숙하지 않은 것도 아니고 무조건 화를 참는 게 미덕도 아니다. 감정을 있는 그대로 바라보고, 그것을 지혜롭게 다스리면 된다. 그것은 기술이다. 슬기로운 일상의 기술은 때론 운명을 바꿔주기도 한다.

에듀파파 만들기

'아빠 효과'라는 말이 있다. 아빠가 육아와 자녀 교육에 적극적으로 참여했을 때 아이의 지능, 인성, 사회성 등이 긍정적인 영향을 받는다는 것이다. 이는 세계적으로 많은 과학적 연구 결과들이 동반된 사실로, 아빠가 양육에 적극적으로 참여한 가정의 아이들은 크게 지적 능력, 언어 능력, 사회성 면에서 평균적인 가정의 아이들보다 높은 기량을 보였다.

한때 사교육 시장에서는 '조부모의 경제력, 엄마의 정보력, 아빠의 무관심이 아이 입시를 성공시킨다'라는 말이 격언처럼 퍼져 있었다. 그러나 아직도 그 소리를 하는 사람이 있을까? 그렇다면 한물간 사고 방식의 소유자다. 아빠의 정보력과 적극적인 개입이 자녀를 성공시킨다는 것은 이제 이 바닥의 정설이다.

대한민국 아빠들이 변화하고 있다. 과거에는 엄마들만 보이던 대학 입시 설명회장 자리를 아빠들이 많은 부분을 채우고 있고, 실제 교육 전문가를 찾아가 적극적으로 상담을 요청하는 아빠들도 늘었다. 이런 아빠들을 일컫는 에듀파파(edupapa)라는 신조어도 생겼다.

아빠가 자녀의 학습 활동에 손쉽게 관여할 수 있는 사회 시스템도 갖춰졌다. 교육부에서 제공하는 '나이스 학생·학부모 대국민서비스 (www.neis.go.kr)'를 이용하면 자녀의 성적, 출결, 학교 생활 기록부 등 아이의 학교생활 정보를 인터넷으로 손쉽게 열람할 수 있다. 모바일 앱으로도 확인이 가능하니, 아빠가 관심만 있다면 아이의 학교생활을 섬세하게 살피고 관리할 수 있다.

아이 진로를 위해 아빠가 해줘야 하는 역할 또한 과거에 비해 많이 요구되고 있다. 중학교 1학년 자유학년제는 학생의 진로를 집중적으로 고민하는 활동이 이뤄지고 그 과정과 결과가 수행평가에 반영된다. 이때 아이의 진로와 관련된 유경험자와 접촉이 이뤄지는 경우도 많다. 그 직업에서 성공한 사람을 만난다는 것은 롤 모델을 체험하는 기회이며, 꿈을 구체화시키는 과정이다. 엄마의 네트워크도 중요하지만 좀 더 사회적으로 관계망이 넓은 아빠의 인적 자원은 당연히 큰 도움이 된다.

자녀 교육에 관심도가 높은 에듀파파는 어느 날 갑자기 생겨나는 게 아니다. 그동안 무관심하게 지내온 아빠가 갑자기 성적에 신경 쓴다면 아이가 고마워하겠는가? 아마 부담스러워하거나 엇나갈지도 모른다. 어릴 적부터 아빠와 놀고, 공감하고, 스킨십하며 쌓인 신뢰 관계가 아이의 성장 과정에 맞게 모습을 바꿨을 뿐이다.

내가 아이를 키우던 시대만 하더라도 아빠는 자녀 양육에서 보조적인 역할에 머무르는 경우가 많았다. 그러나 그로부터 5년 후가 다르고, 또 5년 후가 다르다. 빠른 변화의 속도가 피부로 느껴질 정도이다.

실제로 주변의 젊은 부부들 중에는 남편이 육아 휴직을 쓰고 양육을 도맡아 하는 경우도 많고, 맞벌이를 하더라도 예전보다 훨씬 평등한 환경에서 아이를 키우는 모습을 볼 수 있다. 아이를 돌보는 남성에겐 역할과 일만 늘어난 게 아니다. 사랑과 애착이 늘어난다. 주도적으로 아이를 돌본 아빠들은 아이를 바라보는 눈빛이 다르다. 아이의 울음에 반응하고 말을 들어주는 작은 행동 하나하나에도 단단한 사랑의 끈이 연결돼 있음이 느껴진다. 굳이 아빠 효과에 대한 연구 결과를 참고하지 않더라도 부부가 함께 돌보는 아이가 여러 면에서 건강하다는 것은 눈으로도 확인할 수 있다.

아빠 효과라는 것은 아빠가 엄마에 비해 상대적으로 잘났기 때문에 아이에게 좋은 영향을 끼친다는 얘기가 아니다. 생각해보자. 아이 입장에서는 양육자로서 엄마와 아빠를 동시에 경험한다. 한 가지 사안에 대해서도 남성과 여성의 입장을 동시에 체험하고, 성격이 다른 두 사람이 만들어내는 판단과 행동을 경험한다. 이 다양한 체험은 아이의 정서와 지능에 폭넓은 자극을 준다.

부부는 때론 다투기도 하지만 많은 부분 대화로 문제를 해결해 나간다. 그리고 아슬아슬한 균형을 유지하며 일상을 지속하고 새 생명을 키워낸다. 많이 부딪치고 부대끼고, 함께할수록 그 가정은 풍요로워진다.

일하는 남편에게 짐이 될까봐 자녀 양육은 오롯이 내 몫으로만 생각하지는 않았는가? 아이와 남편이 단둘이 있는 시간을 만들어주자. 아이가 아빠를 좋아하고, 끈끈한 애착이 형성될 수 있는 기회를 만들어주자. 아이뿐 아니라 남편에게도 큰 선물이다.

남편과 함께 걷기

"말이 잘 안 통하는 남편과 어떻게 소통을 해야 할까요?"
"어떻게 해야 우리 남편이 좀 바뀔지 모르겠어요."
"어떻게 해야 우리 부부가 안 싸우고 행복하게 지낼 수 있을까요?"

자녀 공부 문제만큼이나 답답한 게 남편과의 소통 문제인가 보다. 나를 찾아온 많은 엄마들이 고민 상담 겸 하소연 겸, 남편 흉을 보고 가기도 한다. 사실 나 또한 방법을 찾아가는 과정인지라 모든 고민에 뾰족한 해답을 내려줄 수는 없다. 하지만 인간관계의 본질은 어차피 마찬가지다.

남편에게 변화를 요구하지 말자. 어떻게 바꾸겠다는 생각 자체를 하지 말자. 그는 절대 안 바뀐다. 남편뿐이겠는가? 원래 사람은 잘 안 바뀐다. 만약 사람이 변한다면, 그건 스스로에게 이익이 된다고 생각했을 때다. 변화를 요구할 거면 그에 따른 엄청난 이익을 안겨주면 된다. 아니면 그냥 놔두자. 차라리 내가 바뀌는 편이 마음 편할 것이다.

남편과 말이 안 통한다고 답답해 하는 엄마들에겐 함께 좀 걸어보라고 권한다. 이건 사실 내가 하고 있는 방법이다. 처음엔 일주일에 한 번 정도였는데 지금은 거의 매일같이 남편과 산책을 한다. 우리 부부로서는 유일하게 단둘이 무언가를 함께할 수 있는 시간이다.

부부가 특별한 추억을 쌓기 위해 멋진 곳으로 여행을 계획할 수도 있지만, 돈도 많이 들고 준비도 복잡하다. 차를 타고 교외로 드라이브를 갈 수도 있지만 둘 중 하나는 운전을 하며 신경이 예민해진다.

하지만 걷는 데는 많은 준비가 필요하지 않다. 발에 잘 맞는 가벼운 운동화와 내 두 다리만 있으면 충분하다. 저녁 먹고 잠깐 짬을 내서 신발을 꿰차고 나가기만 하면 된다. 처음엔 집 근처 동네만 살짝 한 바퀴 돌고 오는 식이었지만, 점차 코스가 다양해지고 산책 시간도 길어졌다.

근사한 나무들이 늘어선 산책로를 걷기도 하고, 구석구석 노포들이 들어선 골목길을 걷기도 한다. 사람 없는 한적한 길목이든 번쩍거리는 빌딩 숲 사이든 두 사람이 걸을 수 있는 폭의 길은 어디든 나 있다.

두 발을 움직여서 앞으로 나아가는 단순한 움직임이지만, 조금씩 매일 하다 보면 혁명과도 같은 변화가 일어난다. 다리나 심장이 튼튼해지는 신체적 변화는 물론, 스트레스를 줄이고 잠을 잘 자는 데도 효과가 있다. 한 연구에 따르면 걷는 운동을 할 때 몸속에서 세로토닌과 엔도르핀이 분비된다고 하는데, 이는 기분이 좋아지는 호르몬으로 행복한 감정을 느끼게 해준다. 그래서인지 이마에 조금 맺히는 땀도 상쾌한 느낌이 들고, 낮 동안 불쾌한 일이 있었더라도 결국 편안한 상태로 하루를 마무리하게 된다.

그 과정에서 누군가와 함께 속도를 맞춰 걷는다는 것, 그게 바로 남편이라는 것도 큰 의미를 준다. 사실 나란히 옆에서 걸으면 서로 얼굴을 쳐다볼 일도 없다. 머리가 헝클어졌는지, 피부에 뭐가 났는지 신경 쓸 일 없으니 그것도 참 편안하다. 앞서거니 뒤서거니 보폭을 맞춰 가며 산책을 하는 동안 남편과의 대화는 풍성해지고 깊어졌다. 서로 아무 말 없이 걸을 때도 있지만, 그 침묵마저 이제 자연스럽고 편안하다.

생각해보면 산다는 건 대단히 거창한 것도 아니고, 그렇다고 비루한 것도 아니다. 매일 지나던 동네에서 그전엔 미처 보지 못한 길을 발견하고, 그 위를 걸어보는 것. 또 처음 보는 나무나 건물을 보면서 "참 예쁘다, 근사하다"라고 말해주는 것. 이게 소박한 행복 아니겠는가. 부부의 사랑과 정도 마찬가지다. 잘 알고 있다고 생각하지만 내가 미처 보지 못한 오솔길이 상대에게 나 있을 수도 있다. 그 길 위에서 '좋다, 멋지다, 예쁘다' 자꾸자꾸 말해주면 되지 않겠는가. 특별할 것도 없지만 그게 바로 부부간의 사랑과 신뢰를 만드는 길이다.

남편이 얄미우면 얄미운 대로, 고마우면 또 고마운 대로, 함께 산책을 해보자. 일주일에 한 번이라도 좋다. 아마 그동안 보지 못한 귀한 것들을 찾을 수 있을 것이다.

부모님은 우리의 미래다

고부 갈등은 사실 인간관계의 오래된 고전이다. 아무리 시부모가 잘해주셔도 시댁이 내 집처럼 편안할 수 없다. 남자의 경우도 마찬가지. 내 식구만 해도 벅찬데 처가 식구 문제까지 하나하나 챙기려면 괜스레 마음이 복잡하다. 결혼과 동시에 피가 섞이지 않은 법적인 가족이 확장된다. 그동안 살아온 환경이 완전히 다른 사람들이 갑자기 생겼으니 갈등이 생기는 것도 당연하다.

단순하게는 식사 후 설거지를 누가 하느냐, 명절에 어느 집을 먼저 가느냐의 문제부터 가족끼리 돈이 얽혀 크게 번진 문제까지. 부모가 원치 않던 며느리나 사위를 보게 되면 결혼 후에도 안 좋은 감정이 섞여 언제든 한 번 터지기도 한다.

그런데 여기에 아이가 생기면 갈등은 다른 양상으로 번진다. 혼자서 아이를 키우기 어려운 시대다. 아이가 태어나면 조부모들이 육아에 어떤 형태로든 관여하는 게 자연스러운 수순이다. 경제력이 있으면 돈으로, 건강한 체력이 있으면 노동으로, 아이를 키우는 데 감사한 도움을 주시지만 또 그만큼 간섭도 들어온다.

교육 특구가 모여 있는 강남 지역의 조부모는 아무래도 경제적으로 여유롭다 보니 손주 교육에 적극적으로 개입하신다. 친히 손주의 학원비를 대주거나, 학교와 학원을 안전하게 다니도록 라이딩(차량으로 이동을 돕는 일)을 도와주는 경우다. 바쁜 아들딸들을 대신해 투자를 아끼지 않고 보람을 느끼신다. 물론 아들딸, 며느리·사위와 교육관이 맞지 않아 갈등을 일으키는 경우도 있다. 그래도 풍요로운 경제 환경이 뒷받침되어 그런지 이런 고민조차 꽤 활동적이고 건강하게 느껴진다.

그러나 세상 행복해 보이는 이분들의 경우에도 고충은 있다.

도곡동 사우나에서는 할머니들의 푸념이 심심찮게 들려온다.

"애들이 집에 오면 한 끼만 먹고 얼른 갔으면 좋겠어. 저녁까지 먹고 가니 힘들어 죽겠다니까."

"이것들이 안 그래도 되는데 상속 때문에 더 자주 오나."

늘그막에 손자 손녀 얼굴 보기 어려워 외로운 노인들도 있는데 이건 또 무슨 소린가 하니, 요즘 강남에서 주말마다 보이는 진풍경이었다. 시집 장가간 자식들이 주말마다 부모님을 뵈러 온다. 풍족한 부모에게 유산을 받기 전에 친밀한 관계를 형성하려는 의도도 조금은 포함돼 있을 것이다. 외식으로 밥을 사 먹거나 할머니가 차려준 밥을 먹고 다 같이 장을 보러 간다. 그런데 대형 마트 카트에 일주일치 먹을 것을 한가득 담고는 그 계산은 노부부가 한다. 자식이 효도하러 찾아왔는데 정작 돈은 부모 지갑에서 나온다. 원가족에서 독립했지만 실질적으로 의식주를 부모에게 의존하는 캥거루족인 셈이다.

실제로 아이를 키우는 데 제대로 쓰고자 하면 돈 쓸 일이 한두 군데가 아니다. 산후조리원 비용도 비싸고 승차감이 좋다는 수입 유모차도 비싸다. 아이들 교재나 학원비도 만만찮다. 영어 유치원만 해도 지역마다 가격이 다르지만 웬만한 곳은 대학 등록금과 맞먹는다. 30~40대 젊은 부부들의 벌이로 충당하기에는 턱없이 비싼 것이 사실이다. 그러나 이 돈이 부모님의 지갑에서 나오는 것을 너무 당연하게 생각하지 않았으면 좋겠다.

지금 쓰지 않으면 없어지는 돈이 아니다. 혹여 나중에 부모님이 더 나이 들어 노후 자금이 필요할 때 수중에 돈이 없다면 자식인 내가 대야 하는 돈이다. 자녀 양육에 들어가는 과한 지출은 삼가고, 오히려 그 돈을 저축하거나 미래를 위한 자본금으로 모아놓으면 어떨까? 지금 부모님은 미래의 내 모습이다. 돈 때문에 거짓 효도를 하거나 부모님을 섭섭하게 만들지 말자.

아이를 봐주신다면 계약을 맺어라

우리나라에서 여성이 일하기 위해서는 또 다른 여성의 희생이 어쩔 수 없이 뒤따른다. 워킹맘들의 안타까운 현실이다. 아이를 키우는 맞벌이 부부 두 쌍 중 한 쌍의 비율이 조부모 육아에 기대어 생활한다. 어린이집 등 보육 기관에 맡기는 경우도 있지만 출퇴근 시간을 조정하기 어려운 경우도 많고, 아이가 아프기라도 하면 이리저리 눈치 보느라 가슴이 타들어간다. 이런 상황에서 내 자식 고생하는 게 안타까운 마음에 사랑으로 아이를 돌봐주는 조부모는 마치 구세주처럼 느껴진다.

그러나 그 안에서도 갈등은 생겨난다. 시대에 뒤떨어진 부모님의 육아 방식 때문에 속이 상하고, 살림에 간섭하며 툭툭 내뱉는 말씀에도 상처를 받는다. 다른 집 할머니처럼 아이 공부에도 신경 써주시면 좋겠는데……. 은근히 비교도 되고 아쉬움도 커진다.

조부모는 조부모대로 마음이 절대 편치 않다. 일단 체력적으로 너무 힘들다. 젊은 사람도 힘든 게 애 보는 일인데 노년의 몸이 뒤따라주지 않는 데다가 노동 시간 자체가 너무 길다. 베이비시터는 정해진 돌봄 시간이 끝나면 온전히 휴식이라도 할 수 있지, 퇴근하고 들어와 저녁까지 차려주길 바라는 자식들 뒷바라지하려면 하루하루가 고역이다. 돈도 문제다. 부모와 자식 간에 대놓고 돈을 주고받는 건 사실 불편하고 어려운 일이다. 그때그때 쥐어주는 몇 십만 원은 손주 먹을거리, 자식들 반찬거리에 쓰고 나면 사실 남는 것도 없다. 딸이나 며느리가 은근슬쩍 육아서를 건네며 읽어보라고 권할 땐 뭐가 마음에 안 드나 싶어 속이 상하기도 한다. 이쯤 되면 딸이나 며느리에게 당했다는 생각이 들 법도 하다.

각자 사정은 있겠지만 어르신들을 서운하게 하지 말자. 서운함이 쌓이면 숭고한 뜻도 사라지게 마련이다. 아이가 네 살 때까지는 누군가의 도움이 절대적으로 필요하다. 아무리 전문적인 베이비시터를 구한다 하더라도 아이 할머니만 한 분은 찾기 어렵지 않은가? 그저 정에 기대어 '알아서 해주시겠지', '이 정도는 이해해주시겠지' 지레짐작으로 넘기는 동안 오해는 쌓이고 상처는 커진다. 부모님께서 아이를 돌봐주신다면 업체와 계약하듯 분명한 조건과 방식을 정하자.

우선 돌봄 시간이 정확해야 한다. 오전 몇 시부터 오후 몇 시까지라는 명확한 시간을 정하고, 정말 급한 일이 아니면 그 시간을 지키자.

양육비에 대해서도 명확하게 해야 한다. 용돈을 드리듯 그때그때 찔러 드리는 것은 옳지 않다. 비용은 물론 드리는 날짜, 드리는 방식도 규칙적인 원칙을 정해 지키는 것이 좋다. 부모님이 은행 이용에 불편하지 않으시다면 월급처럼 매달 정해진 날짜에 자동이체로 입금하는 방식을 권한다.

기껏 드린 양육비를 다시 돌봄 비용으로 쓰시는 부모님들도 많다. 반찬을 사서 자녀 집 냉장고에 채워 넣거나 아이에게 필요한 물건을 사시는 경우다. 양육비와 돌봄에 따른 비용은 명확하게 분리해야 한다. 부모님이 온전히 자신을 위해 돈을 쓰실 수 있게 필요한 비용은 별도로 챙겨 드리자.

휴식 시간도 배려해 드려야 한다. 주중에 힘들게 돌봐주셨는데 주말에 아이를 데리고 부모님 댁에 놀러 가는 경우도 많다. 아무리 손주가 예뻐도 이쯤 되면 지친다. 주말에도 회사에 나가서 일하는 것과 다를 게 있겠는가? 돌봄 시간 외에는 충분히 쉬실 수 있도록 배려해 드리는 게 좋다. 상황이 가능하다면 1~2주 중에 한 번 정도는 주중에도 휴가를 드리면 어떨까?

가끔은 특별하게 감사를 표현하는 것도 필요하다. 직장에서도 비정기적으로 보너스가 나오거나 휴가가 나오지 않는가? 한 달에 한 번 정도는 부모님 모시고 좋은 데서 외식도 하고, 여행도 보내 드리자.

이런저런 것들을 다 신경 쓰면 당연히 돈이 많이 들어간다. 그러나 부모님께 들어가는 돈을 아끼지 말라고 얘기하고 싶다. 아이에게 집중적인 돌봄이 필요한 나이는 만 4세까지다. 그동안은 맞벌이 부부가 버는 돈의 80~90퍼센트는 아이 양육에 들어간다. 물론 전문 베이비시터를 쓰게 되면 더 많은 비용이 필요하다. 경제적으로 돈이 모이지는 않겠지만 일을 그만두지 않는다면 경력은 쌓이고 아이는 자라며, 커리어는 성장한다.

어린아이를 돌보는 것은 누구에게나 힘든 일이다. 작은 것을 탐하다 큰 것을 잃지 말고, 가장 지혜로운 방법으로 그 시기를 보내면 좋겠다.

양가에 드리는 돈은 공식적으로

자식들을 키우느라 한평생 고생하신 부모님께 물질적으로 감사를 표현해야 할 때가 있다. 일반적으로 설이나 추석 같은 명절, 부모님 생신, 어버이날, 더 나아가서는 부모님 결혼기념일 등이다. 식비, 선물비, 현금도 필요하다. 다달이 생활비에 보태 쓰시도록 양가에 용돈을 드리는 경우도 있다. 그 금액이 많든 적든, 선물이 거창하든 약소하든 가족 간에 정을 전하는 것은 미덕이고 참 아름다운 일이다.

하지만 이처럼 정겨운 자리 때문에 스트레스를 받는 부부들도 많다. 경제적으로 여유가 있다면 효도에 쓰는 비용이 크게 부담스럽지 않겠지만, 그렇지 않은 순간도 찾아오기 때문이다. 사실, 효도는 한 해하고 말 것이 아니고 부모님이 돌아가시기 전까지 지속적으로 해야 하는 일이다. 기분에 젖어 초반부터 통 크게 드리다 보면 나중에 부담이 되고 가족 간 갈등으로 번지기도 한다.

대부분 신혼 초에는 맞벌이로 시작한다. 아직 아이가 없으니 지출할 곳도 적고 부부가 함께 버니 소득도 높다. 여유가 있는 만큼 양가 부모님께 넉넉하게 용돈을 드렸는데 상황은 곧 바뀌게 마련이다. 아이가 태어남과 동시에 한쪽이 휴직을 하는 경우도 있고, 복직하지 못한 채 일을 그만두는 경우도 있다. 아이가 자라면서 들어가야 할 돈도 많아진다. 그럴 땐 아무렇지 않게 드렸던 용돈마저 부담스럽게 느껴진다.

아무리 공돈이라도 많이 받다가 적게 받게 되면 괜스레 섭섭한 것이 사람 마음이다. 아무리 자식들 어려운 상황을 잘 이해하는 부모님이라도 마찬가지다. 게다가 부모님도 때 되면 들어오던 금액에 맞춰 지출 계획을 짜놓으시지 않았을까? 처음부터 너무 많이 드려서 기대치를 높여 놓지 말고 본인 경제 규모에 맞춰서 드려야 한다.

미리 효도 비용을 가늠해 예산을 짜놓는 방법을 권한다. 정부나 지자체도 한해 사용할 예산을 미리 세운다. 국방이나 외교에 사용할 돈, 복지에 들어갈 비용도 미리 정해 나누어 놓는다. 가정 예산도 마찬가지다. 한 해에 지출할 돈 중에서 부모님께 드릴 돈, 자녀 사교육비에 쓸 돈 등 대략의 범위를 만들어서 분리해 놓는다면 불필요한 지출을 막을 수 있다.

양가에 드리는 돈의 금액에 차이가 나는 경우 부부간의 갈등으로 번지기도 한다. 가급적이면 공정하게 동일한 금액으로 드리는 것이 좋지만 어디든 예외 상황도 있다. 연금을 두둑이 받아서 오히려 자식들을 지원할 수 있는 부모님이 있는 반면, 자녀들을 키우느라 노후 준비를 못한 부모님도 있지 않겠는가? 그 가족이 처한 환경에 맞게 배우자와 서로 존중하고 합의하면 좋겠다. 부모님 용돈 문제로 부부가 다투고 결국 이혼까지 하는 경우도 있는데 부모님께 효도하려다 가슴 아프게 만들어 드리는 형국이다. 가장 좋은 효도는 부부가 행복하게 잘 사는 것이다.

일평생 자식을 키워주신 부모님의 사랑을 어떻게 물질로 보답할 수 있겠는가? 그나마 한 해에 몇 번 되지 않는 가족 이벤트로 감사를 표현하는 것만이 우리가 할 수 있는 최선이다. 각자 생각과 의견이 다른 여러 사람이 함께하는 행사인 만큼 돈과 관련된 일은 깔끔하고 정확하게 처리하는 것이 좋겠다.

용돈을 드리더라도 몰래 찔러주는 것은 되도록 삼가고 당당하게 공식적으로 챙겨 드리자. 여러 사람 앞에서 예쁜 봉투에 돈을 담아 드리거나 통장에 입금해 드리면 두고두고 기록에 남는다.

가족 관계에서 돈 때문에 치사해지지 말자. 사랑은 표현이지만 그렇다고 액수가 중요한 게 아니다. 적은 비용이라도 규모 있고 살뜰하게 정을 나누면 좋겠다.

가족 관계에서 밉상이 되지 말자

가끔 가족 사이의 크고 작은 문제로 고민을 상담하는 엄마들이 있다. 나는 이들에게 가족 공동체에서도 회사원의 마인드를 가지라고 조언해주곤 한다. 관계에서 조금 거리를 두고 떨어져 공식적인 태도를 가지라는 것이다.

결혼을 하면 가족 관계가 확장되며 여러 사람의 이익과 사정이 얽히게 된다. 내 입장만 생각하고 상대방의 의사는 어림짐작으로 추정한다면 결국 오해가 쌓이고 사이도 나빠지게 된다.

앞서 가족 행사에서 부모님께 돈을 드릴 때 공식적으로 티 나는 방법을 쓰라는 것도 같은 의미다. 직장 생활을 하는 사람들을 보자. 무서울 정도의 감각으로 공적인 것과 사적인 것을 구분하지 않는가? 거래처를 접대하거나 고객을 상대로 행사를 할 때는 마음만큼 형식에도 신경을 쓴다. 신경 쓴 만큼 잘 보이게 하고, 기록으로 남겨 그 또한 활용한다. 행사에 발생한 비용 또한 원칙에 따라 분배하고 기록한다. 이렇게 하면 행사의 의미가 커질 뿐 아니라 오해나 뒷말을 방지할 수도 있다.

직장 동료들과 사적으로 가깝게 지낼 수도 있지만, 부서가 나뉘거나 이직을 하는 등의 이유로 멀어진다고 해서 서운해 하거나 속상해 하지 않는다. 친교가 목적이 아니라 일을 목적으로 만난 관계이기 때문이다. 피를 나눈 가족이 직장 동료와 같을 리는 없겠지만 가끔은 현명한 거리 두기를 배울 필요가 있다. 약간의 냉정함이 안정적인 인간

관계를 유지하는 데 도움이 되기 때문이다.

여러 가족이 모인 공적인 행사에는 법으로 규정되지는 않았지만 나의 역할이 분명히 존재한다. 내 개인적인 사정으로 그 일을 못하게 되었을 때는 제대로 보상을 해야 한다.

하루는 지인이 고민을 상담한 적이 있다. 회사 업무에 바빠서 제사 준비 때마다 빠지게 되는 상황이었다.

"어쩔 수 없는 사정인데 시댁에서 얌체 취급 당하는 게 억울해요."

"억울할 것 없어요. 몸이 안 되면 돈으로라도 커버해야 밉상이 안 되죠."

내가 준 솔루션은 간단했다. 너무 바빠서 제사 준비에 참여할 수 없다면 가족들이 모인 곳에 고기를 배달시키라는 것이다. 구이용 부위들과 쌈 채소까지 들어 있는 한우 세트 하나면 그리 비싸지 않은 비용으로 식구들이 든든하게 배를 채울 수 있다.

"제가 준비에 참석 못 해서 죄송합니다. 다들 고생하셨는데 맛있게 드세요."

조금 늦게 도착하더라도 진심 어린 말 한마디로 그간 서운함을 풀 수 있다.

"어머님, 제 맘 아시죠?"라는 말로 때우려고 하면 시간과 노력을 들여 고생한 사람들 눈에 얼마나 얄미워 보이겠는가. 마음을 표현하려면 비용을 지출하자. 몸이 안 돼서 돈으로 마음을 표현해야 하는 상황이라면 그렇게 해야 한다.

가족 갈등의 시작은 대부분 입에서 나온다. 형제자매의 가정을 비교하거나 흉보는 건 못난 행동이다. 특히 남의 자식을 걱정해주는 척하면서 단점을 들추는 사람들도 있다. 절대 그러지 말자. 내 자식이 어떻게 될 줄 알고 남의 자식 일에 이러쿵저러쿵 말을 옮기는가.

"부탁받지 않은 충고는 굳이 하려고 마라." 셰익스피어의 말이다. 사람들은 저마다 삶의 방식이 있다. 그리고 대체로 각자의 방식대로 산다고 해서 큰 문제가 생기지는 않는다. 조언이나 충고가 필요하다면 상대방이 먼저 요청할 것이다. 요청받지도 않았는데 아이는 어떻게 키워야 하는지, 냉장고는 무엇을 사야 하는지, 가족 친지들의 일에 시시콜콜 훈계하는 사람은 그다지 매력적이지도, 유쾌하지도 않다.

시댁 식구들도 중요하고 친정 식구들도 중요하다. 시누이와 올케도 잘되어야 하고, 그들의 자식도 바르게 컸으면 좋겠다. 그러나 가장 중요한 건 나의 가족이다. 나와 나의 남편, 그리고 우리 아이들이 내 생활의 우선순위를 차지해야 한다. 나머지는 그다음이다. 시댁이나 친정 대소사 때문에 남편과 다투지 말자. 부수적인 일 때문에 가장 중요한 내 가족의 행복을 놓치는 일은 없어야겠다.

만족도 높은
부모님 선물 고르기

어르신들이라고 예쁜 것을 모를까? 요즘 멋쟁이 할머니, 할아버지는 패션에도 관심이 많다. 구닥다리 내복 선물은 노인들도 싫어하신다. 최고의 선물은 아무래도 현금이지만 가끔은 두고두고 기억에 남는 선물을 드리고 싶다. 사람마다 욕구와 취향이 다르겠지만 두루두루 좋아하는 선물에는 어떤 게 있을까?

1 돋보기 목걸이

최근 어르신 패션 소품 중에 떠오르는 아이템이다. 노안 때문에 글자를 읽기 불편한 부모님들이 액세서리처럼 목에 착용하다가 필요할 때 사용할 수 있다. 가격대와 디자인이 다양하니 취향에 맞게 고르기도 제격이다.

2 안경 줄

눈이 침침한 어르신에게 안경은 필수품이다. 안경과 연결해 목에 거는 안경 줄은 과거에는 안경을 잃어버리지 않기 위해 사용한 소품이었지만 최근에는 디테일한 스타일이 더해져 젊은이들도 좋아하는 패션 아이템으로 자리잡았다. 보석, 진주 등으로 장식된 안경 줄은 목걸이 못지않은 고급스러운 선물이다.

3 모자

나이가 들수록 모자만큼 유용한 패션 소품도 없다. 풍성했던 머리숱도 점점 빠지고 젊었을 때만큼 헤어를 관리하기도 쉽지 않다. 이럴 때 멋스러운 모자 하나만 눌러 써도 초라해 보이는 것을 피할 수 있다. 모자는 가격대가 다양한데 너무 싼 것은 피하고 소재와 디자인이 고급스러운 것을 고르자. 개인적으로는 일본 제품이 동양인의 두상과 잘 맞고 디자인이 다양해 애용하는 편이다.

4 신발

발이 편해야 몸도 마음도 편하다. 편하기만 하면 안 된다. 착용감이 좋을뿐더러 예쁘고 세련되어야 한다. 옷을 좀 대충 입었더라도 좋은 신발을 신으면 패셔너블해 보인다. 브랜드를 떠나 쿠션감이 좋고 오래 신어도 피로감이 없는 신발을 골라보자. 어르신들도 은근히 컬러감이 있는 것을 좋아하신다.

5 디지털 사용법

물질적인 것뿐 아니라 곰살맞은 서비스도 좋은 선물이 된다. 막상 해보면 간단하지만 어르신들이 평소에 접하기 어려운 스마트폰 사용 방법을 알려 드리면 어떨까? 스마트폰 앱으로 간단하게 사진을 찍고 보정하는 법, 사진을 편집해 메신저로 전송하는 법 등 유용한 기술을 알려 드리고 메모해 드린다면 분명 좋아하실 것이다.

친정엄마와 단둘이 여행을 가라

이따금 여행지에서 가족 단위 여행을 즐기는 여행객들을 보면 참 정겨워 보인다. 부모와 자식, 그들의 아이까지 여러 세대가 섞여 사진을 찍고 대화를 나누는 모습은 언제 봐도 흐뭇하다. 형제자매가 많으면 그만큼 갈등이나 스트레스도 많겠지만, 이렇게 모였을 때 화목할 수 있다는 것도 그 가정의 복이 아닌가 싶다.

물론 여행을 준비하고 진행하는 과정에서 힘든 점이 왜 없겠는가. 일정부터 예산 문제까지 여러 사람을 만족시키기 위해 발을 동동 구르다 보면 즐거운 추억보다 힘든 기억이 더 많이 남을지도 모른다. 그렇기 때문에 더더욱 가족 여행은 누군가의 희생으로 이뤄지면 안 된다. 지혜를 모으면 마음 상하는 일 없이 모두가 즐기는 여행을 준비할 수 있다.

여행 비용을 마련하기 위해 가족들이 계를 드는 경우도 많다. 참 좋은 방법이라는 생각이 든다. 가구별로 월 5만 원이나 10만 원씩만 모아도 금세 적당한 비용이 충족된다. 인원이 10명 정도 되면 아예 여행사에 문의해 그 가족의 맞춤식 여행을 구성할 수도 있다. 다른 인원은 포함하지 않는 그 가족만의 패키지가 구성된다. 가급적이면 이 방식을 추천하는데, 가족 중 누군가가 과도한 노동의 피해자가 되는 것을 막을 수 있기 때문이다. 다 같이 쉬러 간 곳에서 누군가는 매번 끼니 걱정을 하고, 누군가는 운전을 하고, 누군가는 가이드를 하느라 힘이 든다면 그 멤버로 나중에 또 여행을 떠나는 것이 불가능해진다. 편안하게 단체 여행을 하려면 전문 업체의 도움을 받는 것이 나쁘지 않다.

단체 여행도 좋지만 생애 한 번은 꼭 친정엄마와 딸, 단둘이 여행하는 시간을 갖길 바란다. 이때 가능하다면 제발 아이는 두고 가자. 소중한 추억을 만들기 위해 애써 먼 곳으로 떠났는데 친정엄마가 베이비시터 노릇만 하고 돌아올 수도 있는 일이다. 밥이 눈으로 들어가는지 코로 들어가는지 모르고 아이만 돌보는 여행은 추천하지 않는다. 다른 가족들의 배려를 받아서라도 아이는 두고, 여자 둘이 떠났으면 좋겠다. 2박 3일이든 3박 4일이든, 일정도 장소도 상관없다. 엄마와 딸, 여자 대 여자로 먼 곳으로 떠나는 것 자체가 의미 있는 일이다.

딸이 없는 시어머니들이 종종 며느리와 여행을 가고 싶어 하시는 경우도 있다. 이럴 땐 가급적 정중히 거절하는 게 좋다. 며느리는 며느리고 딸은 딸이다. 둘은 같을 수 없다는 것이 세상을 먼저 살아본 여자 선배들의 경험에서 나온 조언이다.

며느리 대신 아들과 시어머니가 둘이 가는 것은 나쁘지 않다. 시어머니가 어디론가 떠나고 싶어 하실 때, 나는 살짝 빠진 채 남편과 팀을 짜 드리면 어떨까? 며느리의 센스에 고마워하실 것이다. 당연히 남편에게도 좋은 시간이 된다. 여행지에서 주책맞게 부인 흉을 보는 행동은 삼가고 이 기회에 엄마 말을 모두 들어주고 여왕처럼 모시고 다녀온다면 가정의 평화가 찾아올 것이다.

자주 만나고 친분이 두터운 사이더라도 여행지에서는 서로의 새로운 모습을 발견하게 된다. 일상과 다른 새로운 공간에서 마음이 열리고 생각이 열리는 신비로운 체험도 하게 마련이다. 지구상에는 아름다운 장소가 너무 많다. 낯설고 아름다운 어느 공간에서 '아, 살아있길 정말 잘했다'라는 잔잔한 감동을 느낄 수도 있다.

너무 늦기 전에 사랑하는 사람, 특히 부모님과 그 경험을 해보길 바란다. 인생은 길지 않고, 사랑할 수 있는 시간도 많이 남지 않았다.

경쟁은 형제자매의 숙명

해마다 명절을 한 번씩 치를 때마다 가족에 대한 불만을 토로하는 엄마들의 목소리도 높아진다.

"코치님, 우리 아가씨가 또 그렇게 생각 없이 아이한테 막말을 하잖아요!"

"동서가 여우짓으로 시어머니 구워삶는 게 보기 싫어 죽겠어요."

하소연하는 지인들의 이야기를 가만히 듣고 있노라면 부모님에 대한 원망 못지않게 형제자매나 동서 간의 미움이 크다는 것을 느낄 수 있다. 실제로 방계 친족 간의 갈등이 최근 '기타 혼인을 지속하기 어려운 중대한 사유'에 해당해 이혼 소송으로 번지는 경우도 잦아지고 있다. 상식을 뛰어넘는 말과 행동을 하는 시누이나 올케 때문에 고통을 받는 경우도 있지만 그렇지 않은 상황에도 내심 불편하고 껄끄러운 것이 횡적 관계인 것 같다.

사실 어린 시절 함께 부대끼며 서로에게 가장 좋은 친구가 되어주던 형제자매들도 결혼과 동시에 사이가 멀어지는 것은 어쩔 수 없는 수순이다. 경제적으로 차이가 나도 힘들고, 효도에 대한 생각이 달라서도 힘들고, 재산 문제가 끼어들면 갈등은 걷잡을 수 없이 크게 번진다. 언니가 그럴 줄 몰랐다거나 오빠가 변했다는 등 상처를 주다가 오랜 시간 서로 찾지 않는 가족들도 많이 봤다.

한 집에서 나고 자란 원가족 관계도 어려운데 법적으로 맺어진 동서지간은 오죽하겠는가. 시동생이 데리고 온 낯선 여자인 동서는 시댁이라는 새로운 환경에서 나와 가족으로 묶인다. 남편도 마찬가지. 내 여동생이 결혼을 하며 데리고 온 새로운 남자와 갑자기 가족이 되며 관계를 이어나가게 된다.

우리 친언니의 아이가 공부를 잘하면 내심 나도 자랑스러운데, 형님네 아이가 잘돼서 명문대에 들어간다면 어쩐지 순수하게 축하해 주기 어려운 게 사람 마음이다. 동서 관계는 서로에게 이질적인 존재다. 묘한 비교 의식과 경쟁 의식이 섞이며 원가족보다 훨씬 더 복잡한 내면 갈등이 작용한다.

양상이 복잡할수록 관계의 본질을 면밀하게 파악할 필요가 있다.

《성경》의 창세기에는 카인과 아벨이란 두 사람이 등장한다. 인류 최초의 사람인 아담과 이브의 두 아들로, 형 카인은 농부고 동생 아벨은 목동이었다. 형제는 신에게 제사를 지내며 각자 수확한 것을 바쳤는데 하느님은 카인이 바친 농작물보다 아벨이 바친 가축에 정성이 들어 있다 하여 즐겨 받으셨다. 이를 시기한 카인은 아벨을 돌로 쳐

죽이는데, 이것이 바로 인류 최초의 살인이다. 가장 극악한 죄가 혈육 간에 벌어졌고 그 원인은 경쟁이었다. 형제자매 간 질투, 경쟁은 인류 역사와 함께한 인간의 본질적인 문제다.

형과 아우는 상하 관계이면서도 한 부모 아래 동기다. 세상에 태어나면서부터 서로 아끼고 사랑하는 사이인 동시에 경쟁을 통해 성장하는 관계로 만들어진 셈이다.

부부 사이에도 경쟁이 벌어지는데 하물며 비슷한 세대인 동기간에 경쟁이 없겠는가? 나도 내 언니, 동생과 경쟁하고 남편 또한 그의 형제들과 경쟁한다. 유아기 때부터 부모의 보호를 더 받기 위해 경쟁했고 자라서는 효도 경쟁을 벌인다. 각자의 배우자인 동서 간에도 경쟁을 하고 나의 아이도 그들의 자녀와 경쟁을 한다. 이것은 숙명이다. 인간의 본질이고 자연의 법칙이며 인류는 이를 통해 진화해 왔다.

그러나 경쟁이 숙명인 것처럼 협력 또한 숙명이다. 어떻게 하느냐에 따라 적이 되기도 하고 동료가 되기도 하는 게 모든 인간관계의 기본이기 때문이다. 형제자매는 유전자를 나누었다고 하더라도 다른 환경에서 다른 인격체로 성장했다. 나와 같은 존재라는 생각부터 버리는 것이 필요하다. 그리고 그에 따른 가족들 또한 각자의 삶의 방식이 있다는 것을 인정하고 다름을 인정해주는 것이 좋다.

오랜만에 가족들이 모인 자리에서 자식 자랑, 재산 자랑, 출세 자랑을 하고 싶어도 상황이 좋지 않은 형제가 있다면 조금 자제하면 어떨까? 어린 시절 추억이나 따뜻한 배려와 지지의 말을 주고받기에도 함께 나눌 시간은 부족하다.

횡적 관계의 핵심은 등거리 사랑

사실 형제자매, 동서지간의 갈등은 경쟁을 부추기는 주변 사람들의 말과 행동에 의해 형성되는 경우가 많다.

"네 동서는 돈도 벌어 오면서 애들도 잘만 키우던데……."

"첫째는 일찌감치 자리 잡고 잘 사는 데 너희가 참 걱정이다."

시부모의 차별 대우가 섞인 말과 행동이 많은 여성들의 마음을 갉아먹는다. 사위들도 마찬가지. 처가의 노골적인 비교나 무시 때문에 스트레스를 받는 경우가 많다. 대놓고 모진 말로 상처 주지 않더라도 드러나지 않은 편애로 가족의 불행을 만들기도 한다.

"언니랑 저랑 딸들이 돈을 모아서 엄마한테 드렸는데, 나중에 알고 보니 그 돈이 다 오빠한테 그대로 들어간 거예요!"

"형님 집에 갔더니 명품 가방이 떡 하니 있더라고요. 그거 제가 시어머니한테 선물로 드린 건데 그걸 그 집에 주신 거 아니겠어요?"

이간질을 하는 부모, 자식 앉혀 놓고 다른 형제 흉을 보는 부모, 자녀들에게 받은 선물을 대놓고 비교하는 부모 등. 가지가지 속 터지는 사연들을 들을 때마다 마음이 아프다. 나에게 고민을 얘기하는 엄마들이 표면적으로 화를 내고 분노하지만 실상 가슴속에 깊은 상처를 받았다는 것이 느껴지기 때문이다. 아이나 어른 모두 부모의 관심과 애정을 받지 못할 때 내면을 다친다. 자녀의 사랑을 두고 저울질하며 한쪽에 치우친 태도를 보이는 것은 가족의 평화를 깨뜨리고 한 사람의 정상적인 성장과 자립을 막는다. 어린 시절 편애의 피해자로 자란 아이는 성장해서도 그 상처에서 자유롭지 못하다. 비정상적인 인정 욕구가 생겨 주의를 끌기 위해 극단적인 행동을 하기도 하고, 자존감이 약한 상태로 지나치게 희생적인 태도를 보이기도 한다. 칭찬해주거나 격려해주는 이성이 나타나면 너무 쉽게 사랑에 빠지거나 남녀 관계에서 자신의 입장이나 이익을 포기하고 상대에게 헌신하는 양상을 보이기도 한다.

나는 둘 이상의 형제자매를 키우는 엄마들에게 자녀를 대할 때 '등거리 사랑'을 잊지 말라는 말을 자주 한다. 등거리 사랑이란 모든 아이들과 동일한 거리를 유지하며 공정하게 사랑하라는 뜻이다. 내가 부모의 편애로 피해를 입었다면 내 아이들에게 만큼은 공정한 사랑을 펼쳐줘야 하지 않겠는가?

비교하고 무시하는 말로 자녀에게 상처를 주는 부모도 많지만 사실 우리 주변에는 이 등거리 사랑을 실천하는 분들도 많다. 가끔 만나는 자녀들에게 늘 고맙다, 예쁘다 소리를 하시는 어르신들, 평안한 얼굴로 첫째 며느리는 이래서 좋고, 둘째 며느리는 이래서 예쁘다며 칭찬을 아끼지 않는 분들이다. 배움이 길든 짧든, 경제적으로 풍요롭든 그렇지 않든 부모님이 성숙한 삶의 태도를 보여주는 경우, 그 형제자매는 갈등이 적고 우애가 돈독하다. 그러나 등거리 사랑은 일종의 이론적인 개념으로 이해해야 한다. 그대로 행하기엔 너무 이상적이기 때문이다.

우리 집 베란다에는 여러 화분이 자라고 있는데 각 식물마다 물주는 시기가 다르다. 어떤 식물은 잎이 마르지 않게 관리해야 하고, 어떤 식물은 과습이 오지 않게 조심해야 한다. 공평하게 사랑한다고 같은 날짜에 같은 양의 물을 주면 식물이 병들거나 죽을 수도 있다. 아이들도 마찬가지다. 성격이 다르고 기질이 다르기 때문에 공평하게 대하되 각자의 특성에 맞춰 사랑하기 위해 노력해야 한다.

나 또한 두 아이를 키우면서 이 문제에 대해 예민하게 고민해 왔다. 식성도 다르고 성격도 달라서 반찬 만드는 것부터 칭찬하는 것까지 맞춤식으로 접근하려고 노력했다.

아들은 다른 사람 앞에서 크게 칭찬하고 디테일한 것을 짚어줄 때 인정받는다고 느끼며 그 힘으로 성장하는 스타일이다. 그 반면 딸은 간섭하지 않으면 신뢰받는다고 느끼며 살짝 말해주는 칭찬을 더 좋아한다. 각자의 방식에 맞춰 존중하고 인정해주려고 노력했다. 그러나 가끔 "엄만 동생만 예뻐해", "엄만 오빠만 좋아해"라고 볼멘소리를 할 때면 아무리 노력해도 참 쉽지 않다는 는 걸 느꼈다.

두 아이는 누구 하나 성적이 잘 나오면 질세라 공부하는 등 건강하게 경쟁해 왔고, 지금도 번갈아 가며 엄마 아빠에게 식사를 대접하는 등 선의의 경쟁을 펼치고 있다. 이제 장성해 어엿한 어른이 됐음에도 여전히 아이처럼 엄마 사랑을 두고 아이처럼 다투고, 나 또한 내 마음을 똑같이 표현하려고 노력한다. 건강한 사랑이 건강한 성장을 만든다. 나도 아이들도 여전히 성장하는 중이다.

행복의 트라이앵글을 잡아라

일을 하면서 다양한 부류의 사람들을 만났다. 특히 강남이라는 지역에서 사회적으로 어느 정도 성공한 입지에 이른, 혹은 성공을 목표로 끊임없이 노력하는 엄마들을 많이 만났다. 그리고 그들이 추구한 가치관에 대해서도 엿볼 수 있었다.

많은 이들이 인생에서 중요하게 생각하는 세 가지가 있다. 첫째는 자녀 교육, 둘째는 명예, 셋째는 돈이다. 나는 이것을 '행복의 삼각형'이라고 칭하고자 한다.

삼각형의 첫 번째 변은 자녀 교육이다. 강남이라는 지역적 특성상 이는 성공의 세습과 관련이 있다. 열과 성을 다해 아이를 공부시키는 이유는 부모 세대가 일궈놓은 성공을 유지하기 위해서다. 예를 들어 의사인 자신의 삶이 윤택했다면 내 자식 역시 힘들어도 의대를 보낸다. 전문직이나 사업도 마찬가지다. 영어나 전문 경영 지식 등 부모세대에서 아쉬웠던 부분까지 추가해 아이에게 공부를 시키는 경우를 많이 봤다.

두 번째 변, 명예는 스스로를 가리키는 직업이나 직위, 직함과 관련이 있다. 번듯한 사업체가 있거나 전문직인 분들은 당당히 명함을 꺼낸다. 나 이런 사람이라고. 그런데 어떤 분들은 자기소개를 꺼리고 은 연중에 부동산 이야기를 한다. 강남은 아파트 한 채가 20억 원이 넘는 다. 강남에 빌딩을 소유한 사람이라면 부의 가치는 어마어마할 것이 다. 그러나 정작 이분들에게 필요한 것은 돈이 아니라 번듯한 명함이 다. 그래서 자식만큼은 공부를 많이 시키려 한다.

삼각형의 마지막 변을 이루는 것은 돈이다. 전문직에 종사하는 분 들은 본인의 소득이 높아 생활하는 데 무리가 없을 것이고, 부모에게 유산을 물려받은 금수저들 또한 돈 걱정은 없을 것이다. 문제는 자수 성가형의 성실한 사람들이다. 자녀 교육을 위해 강남에 들어오면서 무리 또 무리를 더해 집을 산 사람들은 집값이 올라 그나마 걱정이 덜 하지만, 다른 지역의 넓은 아파트를 팔아 강남(대치동)의 작은 아파트 에 임대(전세)로 들어온 '대전족'은 월급보다 더 가파르게 올라가는 집값과 전세금 때문에 속앓이를 하고 있다.

자녀 교육, 명예, 돈을 상징하는 세 변의 삼각형만 있으면 모든 게 다 해결될 것 같지만 현실은 그렇지 않다. 삼각형 내부에는 가족의 건 강이 있어야 한다. 엄마, 아빠, 아이들 모두 건강해야 하고, 시부모님, 친정 부모님도 건강해야 한다. 만일 집안의 중심인 엄마라도 아프다 면 집안 전체가 올 스톱될 것이다. 실제로 아이를 잘 키운 엄마가 입 시를 코앞에 두고 암에 걸려 고생하는 모습을 봤다. 학교 엄마들이 위 로를 건넸지만 그 엄마의 슬픔을 모두 공감하기에 숙연해질 수밖에 없었다. 건강에 관해서는 강조 또 강조해야 한다.

　모든 사람들은 크고 반듯한 삼각형을 원한다. 그리고 부족한 부분을 메우기 위해 노력한다. 그런데 참 재미있는 것이 세 변의 길이가 고르고, 각도가 동일한 정삼각형을 이룬 가정은 도무지 찾기 어렵다는 것이다.

　어떤 집은 아이가 공부도 잘하고 입시에도 성공했는데 집값이 너무 올라 이사 갈 곳을 찾느라 고생하기도 하고, 어떤 집은 부부가 사회적으로 성공해 잘나가는데 시어머니가 오랫동안 병상에 계셔 집안 분위기가 우울 모드이기도 하다. 또 어떤 집은 아빠 사업이 잘돼 돈은 풍족한데 막내아들이 공부를 못해 애를 끓이는 집도 있다. 이렇듯 우리 인생은 제각각의 삼각형이다.

　그런데 삼각형의 크기, 모양보다 더 중요한 것이 있다. 그것은 바로 삼각형의 외부를 감싸고 있는 화목이다. 자녀 교육, 명예, 돈이 부족해도 화목만 있으면 그 집은 행복한 집이다. 아이 공부가 뜻대로 안 될 수도 있고, 돈과 명예가 부족하더라도 그것을 있는 그대로 인정하는 자세가 있다면, 또 오히려 내가 가진 것을 소중하게 여긴다면 그 가정은 완벽한 것이다. 내 아이들의 미소, 우리들의 건강, 무탈하게 이어지는 일상. 감사할 것들은 사실 너무도 많다.

　혹시 아는가? 작고 못난 삼각형이 어느새 크고 반듯한 삼각형으로 변할지. 모든 것은 우리 마음속에 있다.

epilogue 꿈꾸는 엄마는 흔들리지 않는다

나는 스물일곱에 결혼했고 서른넷에 둘째 아이를 낳았다. 유학을 떠난 시기는 마흔한 살 때였다. 8년이 지난 후, 내 이름을 내건 연구소를 차렸다. 첫 책이 나온 것은 그로부터 10년 가까이 지난 2012년이었다. 바로 그해, 전국에 내 이름을 알린 tvN 〈스타특강쇼〉에 출연했다. 출연 자체가 관련 업계의 큰 이슈로 이어지는 방송이었다.

평범한 엄마였던 내가 어떻게 지금의 자리까지 오게 됐을까? 생각해보면 나는 꾸준히 꿈을 꾼 것 같다. 육아가 힘들고 지칠 때, 아이의 공부가 걱정될 때, 인간관계에서 상처 받고 삶이 무기력할 때, 흐릿한 미래를 확실한 비전으로 그려보려고 노력했다. 그러기 위해 책을 읽었고, 규칙적으로 시간을 내서 공부하고 또 공부했다. 그렇다. 나를 일으켜세운 것은 다름 아닌 공부였다. 그리고 지금, 온오프라인을 통해 이 시대를 살고 있는 엄마들에게 '같이 공부하자'라고 권하고 있다.

결혼 이후 여성의 삶은 많은 부분, 결혼 전과 확연히 달라진다. 여기에 출산과 함께 '엄마'라는 무거운 책임까지 더해지면 심리적 · 육체적 부담감이 배가한다. 이는 많은 엄마들이 '우울감'을 호소하는 주된 원인이다. 세상은 '그냥 엄마도 아닌 좋은 엄마'가 돼야 한다고 말한다.

오늘도 대한민국 엄마들은 '좋은 엄마'가 되기 위해 이곳저곳에서 고군분투하고 있다. 한 아이를 성장시키는 데에는 돈과 시간뿐 아니라 누군가의 체력과 에너지, 그리고 조금 '특별한 마음가짐'이 필요하다. 사랑하는 자녀를 위해 엄마들이 젊음과 열정을 잠시 정지시키는 이유다. 하지만 엄마 개인의 일상을 전부 내준 이 '멈춤의 시간'은 그리 오래가지 않는다. 아이가 고등학교만 가더라도 엄마의 보살핌이 크게 필요하지 않기 때문이다. 아이는 홀로서기에 대한 준비가 끝나면 엄마, 부모 곁을 떠나게 마련이다. 그래야만 하고……

문제는 그 이후의 엄마 삶이다. 모든 것을 자녀에게 내준 엄마에게 남은 건 공허함뿐. 여성의 일생이 이렇게 마무리된다면 너무 우울하지 않은가? 삶을 조금 멀리, 그리고 길게 봐야 한다.

멋지고 발전적인 내 삶을 위해 지금, 엄마인 내가 맺고 있는 '관계'를 활용하면 얼마나 좋을까. 엄마들이 모여 이야기를 나누고 정보를 교환하는 자리를 '스몰 토크(small talk)'로 치부하면서 소모적이고 비생산적인 '수다'로만 보는 경향이 있다. 일부 드라마에서는 여전히 여자, 엄마들의 관계를 욕망과 질투, 암투 등의 관계로 소비한다.

누군가의 눈에는 쓸데없는 '수다'로 보일지라도 엄마들의 대화 속에는 그들의 삶과 생활이 있고, 그 속에서 희로애락을 나누며 아픔을 공유하고 치유한다.

나는 이 시대의 엄마들이 누구보다 지적이고 열정적이며 세심한 감수성을 지니고 있다고 생각한다. 이들이 활발하게 관계를 맺으며 자신을 발견하고 사회를 변화시키길 바란다.

아이를 키우면서 얻은 값진 경험, 사회의 가장 작은 공동체인 가족의 행복과 성장을 위한 특별한 마음가짐, 엄마이기에 통하는 서로에 대한 애틋함, 엄마만이 느낄 수 있는 개개인의 강점들. 오늘, 우리는 엄마이기 때문에 마주할 수 있는 아주 특별한 공동체, '엄마 사회'에서 이 소중한 것들을 나누고 있지 않은가.

지금의 인연이 먼 훗날 큰일을 할 때 도움이 되기도 한다. 사업에서 가장 중요한 것은 인맥이라 하지 않던가. 언젠가 내가 내민 손을 '옆집 엄마'가 잡아줄 때, 감히 생각할 수 없는 새로운 세계가 펼쳐질 수도 있다. 나 또한 지금의 '샤론코치'가 되기까지 많은 사람을 만났다. 도움을 주고받으며 감사를 표현하고 안부를 물었다. 나에 대한 평가와 신뢰는 쌓아가는 것이라고 생각하고 행동으로 보여주기 위해 노력해 왔다.

좋은 인연을 만났다면 소중히 여기고 진실하게 마음을 표현하면 좋겠다. 사실 매번 호들갑스럽게 반응하지는 못하지만 강의를 통해 만난 엄마들에게 참 감동적인 선물을 많이 받았다. '코치님, 오늘 강의 정말 좋았어요. 감사합니다.' 음료수에 붙어 있는 작은 쪽지, 탁자 위에 놓인 따뜻한 커피 한잔. 상대가 나를 생각해주고 그것을 표현했다는 생각에 가슴이 두근두근할 정도로 설레고 고마울 때가 많았다.

사람과 사람이 만나서 상호작용을 한다는 건 그런 게 아닐까? 인간 관계에서 편법이란 존재하지 않는다. 상대의 호감을 얻고 싶으면 공감하는 것, 이해하는 것, 그리고 물질이든 언어로든 그 마음을 표현하는 것. 그것 말고 다른 방법이 있을까? 그 안에 예의와 센스가 포함돼 있다면 금상첨화일 것이다.

너무 인색할 필요도 없다. 도움을 받고 베풀며 사랑과 감사를 표현하자. 따뜻한 사람, 용기 있는 사람이 되어 다른 이들에게도 받은 것을 나누면 좋겠다.

정성을 다하고 마음을 다해도 의도와는 다르게 아픔을 주는 사람, 상처를 주는 관계는 언제나 발생한다. 나 또한 처음엔 마음을 크게 다치기도 하고, 스스로의 잘못을 찾거나 누군가를 탓하느라 시간과 에너지를 허비했다. 그러나 이제는 다르게 생각한다.

제품을 만들어 판매하는 사람들은 원가(原價), 혹은 비용이란 개념을 늘 생각한다.

전문 회계 용어로는 조금 차이가 있지만 일반적으로 비슷하게 쓰이는 말로, 제품을 생산하고 판매하고 배급하는 과정에서 어쩔 수 없이 쓰게 되는 돈을 뜻한다.

예를 들어 필통 하나를 만든다면 필통 재료인 천, 실, 박음질에 드는 생산비, 포장비, 노동력, 매장까지 나르는 운반비 등이 기본적으로 드는 비용이 있다. 조금 아낄 순 있어도 아깝다고 아예 안 쓸 수는 없다. 이게 바로 원가다.

　인간관계도 이와 비슷하다.
　인간관계에서 원가 개념은 '상처'다. 상처 없는 인간관계는 있을 수 없다. 좋았던 관계가 틀어지고 상처가 아프게 느껴질 때, 어쩔 수 없이 비용 처리했다고 생각하자.
　이 사실을 인정하느냐 하지 않느냐에 따라 관계를 대하는 내 마음이 달라진다. 내가 뭘 잘못했을까? 나에게 큰 문제가 있었던 게 아닐까? 내 관계는 왜 꼬이기만 할까? 필요 이상으로 고민하고 자책하지 말라는 이야기다. 꼭 써야 해서 쓴 비용이니까.

　여성의 30~40대는 자신을 내려놓고 육아와 교육을 위해 헌신하는 시기다. 인생에서 가장 난이도 높은 미션을 수행하고 있는 때인지도 모른다. 우리 모두는 부족하고 서툴다. 아내, 엄마, 며느리, 딸……. 쉼 없는 다양한 역할 앞에서 자신감을 잃는 것은 어쩌면 당연한 일인지도 모른다. 모든 게 처음인데 실수나 실패를 최소화해야 하는 일이기에 더더욱 불안하다. 끝이 보이지 않는 어두운 터널을 지나는 답답하고 힘든 시기다. 주변 사람들과의 관계에 휘둘리고 아파하는 것도 이런 이유 때문이다. 엄마들의 관계가 힘들고 아픈 것은 지금 서로가 약해져 있어서일지도 모른다. 불안하고 무섭기 때문에 정보에 더더욱 민감하고 다른 사람과 나를 수시로 비교한다. 내가 건강하면 듣고 흘렸을 말도 마음에 콕 박혀서 상처로 남고, 불필요한 죄책감에 스스로를 미워하면서 하루하루를 보낸다.

　이 터널을 뚫고 나올 수 있게 도와주는 것은 힐링의 말도 사치스러운 소비도 아니다. 바로 '꿈'이다. 꿈은 나를 강하게 만들어주고, 그 꿈을 현실화시켜주는 것은 다름 아닌 '공부'다. 아이에게만 '공부해라' 하지 말고 엄마도 아이와 함께 공부하자.

　흔들리는 엄마들, 상처받은 엄마들, 관계에 지친 엄마들에게 꿈을 나눠주고 싶다.

　지금 아픈 것은 당연하다. 그러나 내가 바로 서야 한다.

　터널은 끝이 있게 마련이고 햇살이 비치면 안개는 걷힌다. 그 앞에 빛날 미래의 내 모습을 생각해보자. 그 순간을 위해 한 걸음 한 걸음 공부하고 실천하면서 투자했으면 좋겠다.

　관계를 풀어나가는 힘은 온전히 내게서 나온다.

　그리하여 꿈꾸는 엄마는 흔들리지 않는다.

초등 엄마 관계 특강

2020년 09월 22일 초판 01쇄 발행
2021년 12월 24일 초판 05쇄 발행

지은이 이미애

발행인 이규상 편집인 임현숙
편집팀장 김은영 책임편집 최정화 진행 박소영
디자인팀 최희민 권지혜 두형주 마케팅팀 이성수 이지수 김별 김능연
경영관리팀 강현덕 김하나 이순복

펴낸곳 (주)백도씨
출판등록 제2012-000170호(2007년 6월 22일)
주소 03044 서울시 종로구 효자로7길 23, 3층(통의동 7-33)
전화 02 3443 0311(편집) 02 3012 0117(마케팅) 팩스 02 3012 3010
이메일 book@100doci.com(편집·원고 투고) valva@100doci.com(유통·사업 제휴)
포스트 post.naver.com/100doci 블로그 blog.naver.com/100doci
인스타그램 @growing__i

ISBN 978-89-6833-274-6 03590
ⓒ이미애, 2020, Printed in Korea

이 도서의 국립중앙도서관 출판예정도서목록(CIP)은 서지정보유통지원시스템 홈페이지(http://seoji.nl.go.kr)와
국가자료종합목록 구축시스템(http://kolis-net.nl.go.kr)에서 이용하실 수 있습니다.
(CIP 제어번호: CIP2020038460)